万物滋养

一浆一饭中的中国生态哲学

视袭影视《万物滋养》主创团队 编

中国美食献给天地自然的赞歌

GIVING CYCLES

 中国轻工业出版社

目 | 录

我是森林，数不清的植物和动物生活在我的领域，其中也包括人类。我是地球上最大的陆地生态系统，也是陆地上的顶级生物战场。不同的温度和湿度组合，让我在地球上呈现多种姿态。在被你们称为热带和亚热带的区域，高温和湿气让我滋生出数量庞大的微生物和真菌。植物和动物，也包括人类，能够在这种复杂的生存环境中应对湿热与细菌，繁衍千年，需要熟练使用一种独特的武器——气味。

对于不能随意挪动的植物，气味既是防卫武器，也是勾魂秘术，能够趋避真菌，也能警告其他动物。在我的每一个角落，气味的战争始终未断，硝烟弥漫，却香气四溢，蔓延到人类的味蕾，就会引发对味道的无尽想象。

观看高清视频

"我喜欢吃大蒜、辣子，还有大芫荽（刺芹）。一闻到那些香草的香味啊肚子就饿，就想吃。"

森林的芳香

香气的野聚

佤族人叶盆，在我的世界里已经生活了七十多年。让她兴奋的气味，来自我这里的香料植物。在各式菜肴里加入有异香的植物，是我这里最常见的美食样态。叶盆今天很开心，因为这是她与几十年的好姐妹每年一次的野外聚餐时刻。我的树木、溪流、野花和草地，加上她们将要做好的野餐，会让她们瞬间回到十八岁的少女心境。

同行的姐妹为叶盆戴上鲜花

　　姐妹淘一行人今天要做鸡肉烂饭，顾名思义，就是有鸡肉也有米饭。与其他地方的鸡肉饭最大的不同在于，叶盆和她的姐妹在烹饪时使用了辣椒、香茅草和花椒叶。这些香味植物在与鸡肉和米饭融合的过程中，贡献出自己浓郁的香气。

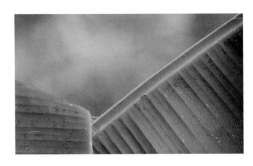

芭蕉叶

调味香料不只在锅里发挥作用。我早已看到人们开发出各种方法，收集植物的香气，融入食物中。我的芭蕉叶，她们可以随手摘下，裹好猪肉泥，再利用炭火的余温烤热。芭蕉叶的香气渗入肉中，鲜美异常。

姐妹淘在芭蕉叶餐桌上的午餐

野豆角

鸡肉烂饭由祭司分发

　　香气四溢中，凉拌黄瓜，包烧猪肉，野豆角，已经都摆上了叶盆姐妹的芭蕉叶餐桌。由于自古以来，鸡都是佤族祭祀占卜时使用的工具，因此，鸡肉烂饭这道菜，必须由祭司来分食。在这个充满各种味道诱惑的环境里，人们反而发展出了平衡食欲冲动的文化传统。即使是多年姐妹淘的私人聚会，也绝不会出现饭一出锅就哄抢一空的场面。

　　我是森林，包罗万象，70 岁的叶盆，对于我而言也只是个孩子，因她也不知道，在我的身体里到底能找到多少种香气与味道。即便如此，人们还是从发现香气开始，就一直在努力把这些浓郁的气味带上餐桌，创造出带有我独特气质的森系料理。

云南铜壁关自然保护区

其实，这些令人心醉的香气，都是植物通过消耗自身能量产生的，原本是生存所迫，并不是为了满足人类的口腹之欲。我的一部分在中国云南的铜壁关自然保护区，地球上纬度最高的热带雨林之一，优渥的温度和湿度让众多生物得以共同生存，但也常常短兵相接。人类所谓的"香气"，其实就是植物的武器之一。

　　微生物和动物是植物的主要劲敌，面对它们的攻击，植物无法移动和逃跑，只有合成生物碱、萜烯等具有浓郁气息的次生代谢产物，才能建立起强大的防护网。人类闻到的香气，其实就是植物的生化武器。

扫码看动画

苦味的幸福

湿热的雨季即将到来，傣族姑娘玉断正在准备关门节的团圆宴。牛干巴是这个家宴上必不可少的美味。然而，极其厚重的肉味在潮湿闷热的天气里显得没什么诱惑力，这时，就需要香气来打开局面。

挤压出柠檬汁

香茅草

　　柠檬，人类培育出的水果"怪胎"，无论成熟与否都无比酸涩，也是这里的主要调味品。经过捶打的蓬松的牛肉纤维敞开怀抱，准备吸收来自柠檬的酸和香。但是，柠檬在高温下会产生苦涩的味道，这时，就需要香茅草来救场。这些看似羸弱的草叶恰恰可以挺过高温，保持清爽。

　　放入鱼腹的香茅草，除了给鱼肉增添标志性的香味，它所富含的柠檬醛，也能够抑制住疯长的真菌和细菌等微生物。因此，在冰箱到来以前，人们早已学会了使用我的香料，作为食物的天然保鲜剂。

柠檬舂干巴

香茅草烤罗非鱼

　　雨季来临，天气潮湿闷热。打开胃口，成了每天需要面临的难题。然而，傣族先民却从牛肚子里找到了灵感。"无撒不上席"是在我这里生活的傣族人传统的待客之道，撒撒，完美融合了人们一直追寻的芳香与生命中经历的苦涩。

苦水撒撒蘸水

苦水撒撇

扫码看动画

　　傣族人的语言中，"撒"意为凉拌，"撇"则是黄牛小肠中未消化完全的草料渣子与胃液胆汁的混合物。传统撒撇，由蘸水和附菜组成。自从牛肠子里的秘密被发现，我看着人们研究出了几百道撒撇。最受欢迎的就是苦水撒撇，即"苦撒"。

　　人们多半不喜欢苦味，但在我这里，凡是存在的味道，必有其哲理。在人类的生物基因里，苦味与腐败、毒害关联，当舌头察觉到苦味出现，会立即触发一系列警告信号，包括让人体产生凉飕飕的感受。撒撇，会让人离苦得凉。这里的人们在长期的生活实践中，早已看清了苦的本质，因此绝不拒绝苦味。苦味刺激了唾液的大量分泌，而唾液的分泌，给大脑造成了进食的假象，促进肠胃蠕动。这就是开胃的过程。

　　草料进入牛肚，来到十二指肠，苦涩的胆汁参与进来。此时，人类横插一杠，截获了这奇特的苦味。经过四个小时的熬煮、翻炒，汁水炒成了干的粉末，便于保存。每次食用只需取一小勺，用开水冲出一碗苦水。吃惯的人说，"糊香糊香的"，这种苦味是通往幸福香味的必经之路。这是生活在我这里的人们所抱有的朴素人生哲学。这一锅消化物，不仅富含哲理，还可清热解毒、消炎止痛。生活在我这里的人们，开始都是拿它当药吃，这种带着清凉的苦味，可以健胃强骨，消食败火。

牛苦肠，即牛肠子里还未消化草料。

切开得到牛苦肠

熬煮牛苦肠

翻炒成粉末

过滤冲开的苦水

苦水倒入蘸料

牛肉最精华的里脊肉，捶打成肉馅儿，反刀剁出肉筋。韭菜、香蓼和大芫荽（刺芹）等香料，会首先加入到加入通往幸福的苦涩旅程中。小米辣也是必不可少的作料。多种香料挥发出多重层次的味道，最后，苦水华丽登场，不停的搅拌，会使香草中的挥发油类物质融入汤汁中。当这些飘散在空气中的芳香分子落在鼻腔嗅细胞，便在人的头脑中形成了芳香的感受。通过香料植物，苦味变成了幸福的食材。鲜香苦辣的滋味，融合在这一碗碧森森的浓汁中。生活在我这里的人们，都熟悉这种由香料从苦水中滋养出的幸福。香料植物的这种奇特能力，曾经让他们的祖先心驰神迷，有人甚至认为，某些特定的植物香气，是通往精神世界的介质。

川味的真实

离开潮湿闷热的热带雨林，八百公里外，依然有我的领地。来自印度洋和太平洋的水气仍旧是常客，但是偏高的纬度，使我在冬天会让人们觉得有些湿冷。如此一来，此间的生命便又有了不同的样貌及生活习惯，而香料植物与人类的关系，也是另一番风貌。

野花椒

进山寻找野花椒的人

野花椒的果实已经成熟，果皮中的山椒素和芳香油，肩负起了种子的安保工作，同时也引来了一位不远千里的寻味者。周勇辛苦跋涉了四个小时，终于找到了一株野花椒。自家种植的花椒明日将要采收，他要用野花椒的味道提前犒劳工人，以期获得一场大丰收。野花椒是去腥去膻的绝佳香料，压制了腥膻味，闻起来却是另一股奇特的味道，因此土名"狗屎椒"。

野花椒炖清溪黄牛肉

牟桂芬在摘取新鲜的花椒叶

扫码看动画

说起花椒，人们更直观的感受是"麻"。花椒表皮的山椒素，能在舌头上产生一种等同于 50 赫兹频率震动的奇妙震感，这就是所谓的"麻"。在四川有一句俗语，"一斤花椒炒二两肉——麻嘎嘎"。

花椒叶煮的水

面色红润的老夫妻

其实，花椒最初被人们看中，是因为它可以祛湿。牟桂芬和丈夫吴子全，在我这里生活了九十几个寒暑，他们同千年前的祖先一样，用花椒叶煮水泡脚。老人说，这么多年"什么病都没得过"，手脚麻的时候，用陈艾、花椒和其他几种香料一起煮水洗一下，会轻松很多。当山椒素触碰到身体，血管扩张，血液加速循环，细胞内多余的水分被快速代谢，这就是"祛湿"的过程。

"怪味"调料

　　我的花椒来到城市，造就了这里的人们引以为豪的川菜。干花椒带着烘烤后的糊香味被研磨成粉，继而与其他二十多种调料，搭配出一种川菜的传统味型，麻、辣、酸、甜并举，人们称为"怪味"。

　　主厨兰桂钧对从我这里走出的味道有着透彻的理解和苛刻的要求，因为怕菜被空调吹干，他坚持不开空调，每天要换三条吸汗的毛巾。他的厨房俨然是一个精细的味道实验室。只用鼻子闻，他就能分辨出花椒的清香、麻香和糊香的味道。多年的生活积淀，让兰桂钧对川菜的精髓有了更多理解，他认为，大多数人体验到的味重、味厚和刺激，只是川菜的三分之一，香料自身产生糊香以后的味道，和生时的味道以及经过发酵之后的不同味道，混合在一起，产生的另一种味道，才是川菜的精髓。

花椒柠檬炖冬瓜

五彩怪味面

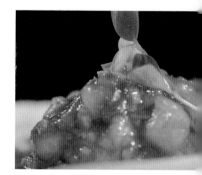

豆豉鳗鱼

　　上了岁数，根据身体的感觉来制菜，兰桂钧觉得自己的川菜有了沉淀之后的灵性，他戏称为"老年川菜"。这位川菜主厨希望可以在料理中留住我的味道："食不压味。跳出界限，海阔天空。"

辣
锅
的
拼
搏

　　我是森林，我的香气应当是浓还是淡，该是配角还是主角，翻过一座山，那里的人又有不同的哲学思考。三百多年前，辣椒从我在地球另一端的领地来到这里，和其他香料一起被投入融化的牛油，熬制出了刺激味蕾的香浓味道。

重庆火锅

重庆的万戈市场

　　重庆的万戈市场，集中了人们在我这里找到的各类香料，它们即将被运往各地的餐桌与厨房，而且很多都在千里之外的城市和乡村。这些香料是刘建熬制火锅底料的重要原料，而辣椒是统领一切的主角。刘建今年40岁，屡次创业失败以后，他重新经营起这家只有四张桌子的火锅店，在他看来，这些呛鼻子的香辛料，是重庆人的命根子。

重庆火锅的材料

扫码看动画

　　口腔感受器被辣椒素刺激后，向大脑传递与热伤害一样的痛感，大脑立即命令全身"戒备"：心跳加速，口腔唾液喷射，肠胃加倍"工作"，同时释放出内啡肽，让人产生一种火辣刺激的愉悦感。

　　朝天红干辣椒，一部分用热水泡发后做成糍粑辣椒，另一部分冲洗后下锅。糍粑辣椒负责提色增亮，干辣椒负责加重辣味。其他香料陆续在规定的时间和火候加入，去腥、提香，各司其职。各种芳香分子在牛油的包裹中自由组合。火锅底料要经过四个小时的漫长熬煮，需要两个人的配合才能完成。

　　"四桌火锅"让刘建找回了自信，很多朋友问他，什么时候翻倍变成八桌、十六桌？40岁的他，回答是"顺其自然"。眼前的四桌，他认为尚在掌控之下，至少可以支撑20年。曾经做过设计的他，想法却不限于此，他希望自己的火锅店不但要更长久地存在，还应当"做得更有温度"。

　　这个拼搏的小伙子让我体会到，城市森林里的竞争，其实与我这里的生物竞争，几乎没有两样。生活的底气乃至生命的芳香，都是从环境压力与自我追寻中激发得来。我是森林，不管是配角还是主角，无论是我的领地还是城市中，从我这里诞生的香味与香气，都能被人们以热火朝天的形式，转化为生命动力与精神追求的介质。

　　回到我在中国云南的领地，新稻米已收入谷仓，我的香料植物对这里的人类文化上的作用，在新米节的盛宴中将达到顶峰。刚结束农忙的佤族姑娘们来到我的怀抱，采摘新鲜的花椒叶、大芫荽和香茅草。寨子中的男人们正在准备宴席用的餐具，经过简单的加工，竹子就变成了自带香味的食器。一切准备妥当，仪式将在第二天举行。长老们用自酿的水酒滴在地上，向祖先和天地表达谢意。年轻人正在准备宴席。

　　佤王宴最初是佤族首领用来招待贵客的王府盛宴，后来每逢重大节日，佤族村寨都会烹制美味佳肴，摆到宽敞的场地，设宴享用。

佤王宴

佤族女子在准备宴席

　　在牛肉中加入花椒叶，就在肉味中加入了一丝甜香，却没有花椒果实的麻。经过烤制的鸡肉，同辣椒、香茅草、八角、草果等十几种香料熬煮，再用大芫荽（刺芹）等几种香料撕碎凉拌，最后配上酸爽的柠檬。佤族人作为我这里的居民，用这些传承了几千年的香气，对客人表达最大的诚意。

　　我是森林，在我这里，香料植物的出现，催化了你们的口水分泌，催动了料理的创造升级，催生了人与人之间的情感，也催发了精神世界的联结想象。你们曾经长久地生活在我这里，找出了地球上最活色生香的食材，从味觉、嗅觉乃至视觉上挥洒着森系美食独有的想象力，那也是对我的物种多样性无尽的赞歌。虽然大多数的人类，现在已经不会像叶盆这样，记得与我相处的种种细节，但我依然能通过一丝一缕的香气，唤起你们对我的感情与回忆。

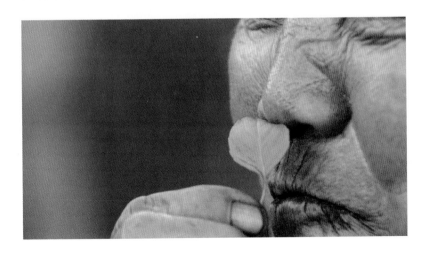

人物采访

上官法智

中国科学院昆明植物研究所研究员

　　上官法智是中科院昆明植物研究所的研究员，同时也是一位爱好香料香草的"吃货"。上官老师及中科院昆明植物研究所许多志同道合的朋友有一个独立工作室，颇有植物乌托邦的意境，大家在这里根据自己所长来分析食物与植物、科普、艺术的关系，并进行一些标本、文字与影像创作，也时常在这个工作室尝试美食创新。

"植物猎人"的工作是怎样的？

　　上官法智：中科院昆明植物研究所标本馆，是全国涉及各类群植物最丰富的一个标本馆，收藏有苔藓植物、地衣植物、大型真菌、蕨类植物，还有种子植物。我们的工作也包括各种植物类群的收集保藏，比如去各种自然保护区，收集很多野生的植物资源，主要是采集标本的形式。

　　比如一个物种，我们采集标本之后放在馆里面，进行物种鉴定，然后收集它的 DNA，把植物做成标本，存储管理，对它进行各类数字化，让相关的研究

采集植物

者可以对它进行应用研究，相当于是把野生的植物资源变成库房里面存储的标本资源，再把这种标本资源变成一种数字化资源，然后向全世界的专家开放，让相关的各种类群的植物研究人员，也可以在线查到这些标本的各种相关信息，这些都是我们的工作。除了植物之外，还涵盖了计算机、美学等很多方面的学科。

大多数人，可能只会见到自己周围的常见植物。但中国有接近 3 万种植物，很多植物是需要进一步的了解和发现，然后你才能更好地去研究它。而我们的工作，很多时候是针对一些大众平时不怎么能接触到的植物，进行采集、调查和研究，最终目的是更好地支撑我们国家在植物科学的一些相关的基础研究。

在这种探索大自然的过程中，我会发现很多可能是别人已知的或者是未知的一些元素，然后就会想着，如果把这些元素用在生活当中会是什么样子。比如，我在野外遇到一株很有意思的香草，这个草散发出一种很奇特的，从来没有接触过的味道。把这个味道运用在饮食里面，或者是运用在生活的其他方面，会有什么效果，它本身就是一个很有意思的探索过程。我希望将植物的一些信息，带到生活里面。你告诉别人这个植物叫什么名字，很少会有人感兴趣，但是把这种信息带给别人，就会让别人也真正认识这个植物，通过这种方式认识这个植物，进而会去想这个地方的自然环境，其实这是一个很有意思的科学传播过程。

我做这个工作大概有六七年，平均每年野外出差 8～10 次，短则一两天，

一种姜草

长则近一月。目前已经采集了几千号植物标本。我觉得我看到野外的植物也好，菜场的植物也好，生活周边的植物也好，和其他人是不同的体验。对于不了解这一块的人来说，看到这些植物可能就是几种菜，几种花，几种草，但是我认识，也很了解它们，特别是当我对它们的认识越来越深的时候，就会发现它们在我眼里变得更加丰富，在一棵植物、一株草背后，可能是一杯茶，一块手工皂，也可能是一盘很特别的食物，或者是驱蚊的精油。这些都是因为我了解植物背后所蕴含的科学元素特征。

标本馆并没有植物的开发和运用上的职能，但是它在植物科学的传播和研究上，有这方面的义务。作为全国最大的标本馆之一，我们够接触到全国甚至全世界最多的植物类群，也能接触到很多有关植物的有趣的故事，而且是很全面的第一手资料。很多有趣的植物的科学信息，如果不能和大家一起了解和欣赏，就很可惜。我写的一些有关香料的或者植物的科普文章，是以应用角度去切入，但是实际上，背后很多有意思的知识点，都是在最近一些年有相关的科学研究对它进行描述之后，我再以另外一种形式进行表述、传播，就是换成一种科普的角度去做。

我的大棚里面现在有七八十种植物，但实际上陆陆续续种过的有将近200种。很多植物对环境不一定适应，还有很多一年生的植物，就没有办法持续保持种那么多。而且我种植的过程并不是为了对它进行批量的繁殖运用，而是在种植的过程当中去了解我还不曾了解的信息。对于一个搞分类相关的人来说，我需要记录这些植物在不同时间花果叶的特征，然后才能真正更好地去研究这个物种，而且对它进行资源保存，也是其中一个很重要的部分。

植物的"体香"是怎么回事？

上官法智：我很早就已经把不同植物的气味作为它的一个特征进行研究了。可以说，每一种植物的气味都不一样。不同的科属的确也会散发出不同的气味，这也是很重要的一种野外识别方法。气味可以作为植物类群的身份标识，一定要明确这个概念是植物类群，而不是植物个体。

植物的气味背后也有不同的生理机制，比如，山花的香味是主动散发的，而某些植物的味道却是被动散发的，这是两套完全完全不同的机制。所以有些植物可能闻着很香，但实际上，它的叶茎里面所包含的气味，可能完全不那么令人愉悦。

上官法智的"大棚"

分类码放的香料

臭菜（图片由上官法智提供）

为什么会有这样不同的机制呢？因为在整个进化的过程当中，植物需要适应外界环境，有时候它需要招揽传粉者，比如一些小昆虫给它传粉。那它就可能需要释放一些它的传粉者喜欢的味道，这种味道可能就是较为愉悦的。但是，它同样也不希望一些捕食昆虫啃食它，那它就会分泌出这些昆虫不喜的难闻味道，目的是抵御昆虫或者其他取食者。实际上这都是植物在逐渐适应整个自然环境进化的结果。就是说它不是由单个的进化或是变异形成的，而是逐渐累积的一种结果，然后经过漫长的时间演化，形成某个物种今天我们所看到的这种特征。

云南是我们国家生物多样性最丰富的省之一，云南的芳香植物在全国甚至全世界都是名列前茅的。云南这种巨大的海拔高差，造就了十分丰富的生境，在香格里拉海拔三四千米的地方生长着高海拔的针叶林，在滇东地区有半湿润常绿阔叶林，在西双版纳生长着雨林或者季雨林，很少有雷同的物种。这就是云南丰富的生物多样性和香料多样性的一个重要成因。

香料植物在美食中是什么角色？

上官法智：我对香辛料的记忆最初并不是美好的，因为我小的时候不喜欢吃小葱。但是大人会在很多菜里加上小葱，那种记忆就屡屡让我觉得很不舒服。但正是这种持续的不舒服让我关注到，原来香辛料能够对食物产生那么大的改变。我会留意这方面的一些东西，但是真正到我从事植物研究的工作之后，才有意识地去梳理香辛料和饮食文化的关系。

大多数香辛料并不是我们生活的必需品，但可以说是现代饮食的必需品，是

现在各种餐饮元素，特别是不同文化餐饮元素里面很重要的一个部分。不同香辛料的运用，可以使我们看到世界不同地域的食物风格，甚至在同一国家、同一省内，都会有不同风味，很大程度就和香辛料有关系。比如四川火锅里除了辣椒花椒，还有各种八角大料，更有很多中国传统香辛料。很多香辛料在我们做食物的过程中，除了形成食物的风味之外，还有很多其他方面的用处。比如说，一些香辛料对食物的保存，还有去腥等等方面都会起到很好的效果。

绝大多数人在做菜的时候，主要考虑的是味道，但是在这种习惯的形成当中，实际上也和一些物理化学效果有关系。比如很多南亚或者东南亚的料理中会加入更多辛香类的调料，这些辛香调料的加入除了让食物更具风味之外，在很大程度上可以延长它的保存时间，在那种环境下，实际上还能更健脾开胃，让人更有食欲，这也是人们在长时间运用香料的过程中逐渐形成的习惯。

比如包烧，就是很适用于云南热带地方的一种食物料理方式，用粽叶包裹食物，然后在里面添加香辛料。很多香辛料有天然的抗菌物质，可以很好地消灭令食物腐败的细菌。包烧的过程又使食物处于一种被隔绝的环境，可以使里面的食物保存更长时间。当地气候较为炎热，包烧可以让食物在更好保存的同时，也保持它原有的风味。

不同的香辛料在运用过程当中，也是需要经验的。不同的香辛料，它的芳香成分，比如它富含的挥发性油以及挥发的温度，释放的速度也是有区别的。很多挥发油在香料里面，存在位置也不一样，这个就会导致它在烹煮的过程当中，释放的时间和速率不一样。比如一些草本类的，很可能在加入的时候很快就能释放香气；有些芳香成分存在很大的果实内，可能需要较长的时间，才能够释放出来。还有，有些食物可能需要与挥发性物质更久的接触，香气才能够渗透到食物里面去，而有些食物较为容易渗透，所以在整个食物烹制的过程当中怎样加入、什么时间加入，都是很有讲究的。

比如，煮一碗阳春面的时候，面端上来，最后撒一把香葱，很快你就能吃到那个香葱和面融合的味道了。但是如果要做一个红烧肉，或者做一个卤肉饭，如果不提前几个小时放入香料，而在最后加入，你是吃不到那种味道的。

和很多人做饭的传统思路可能不一样，虽然我没有太多烹饪技巧，但是我脑中有很多的香料和自然元素，我可以在我的大脑库里面，找到希望呈现的食物风味所对应的香料。比如我现在想吃印度的咖喱或者是东南亚的咖喱，那种咖喱有什么特点，我就会在我的香料元素里面去找它，对应到可以做成这种风味的香料，然后再来做。假如我想吃地中海风味的，那我不是仅仅想着地中海的菜，还会在想构成地中海风味的香料元素，然后再用这些元素去呈现这种风味。

地瓜叶包烧猪肉

香茅草烤排骨

手作冰粉

洋芋煎培根

我可以通过香料呈现出菜系的特质，但是所用的食材其实可以替换。比如西班牙海鲜饭，可以把其中的米或者海鲜的部分置换出来，然后用同样的香料，更像是一种通过香料的运用做的一种创新或者是尝试。比如西方不常用的花椒或者木姜子，我就可以把它的味道提取出来，然后加上西方的一些原料，比如做一盘木姜子比萨，或者花椒奶油浓汤。

姜味草烤饼

木姜子蒸鱼

人和植物是什么关系？

上官法智： 我们现在的生活，衣食住行，很多其实都离不开植物。只不过现在很多技术让我们看不到植物的影子，比如一个轮胎，从橡胶提取原料，可能背后就是一片橡胶林的种植与供应。只不过我们没有注意到它背后植物的栽培、运用和开发的整个故事和历史。

从某种角度来说，对于自然界的东西，我们去用什么，或者说我们吃什么，并不是我们选择它，有时候可能是那些植物或者动物选择我们。比如我们今天见到的玉米、辣椒、小麦、水稻，它的整个物种繁荣与进化恰恰得益于人对它的利用和运用。比如说，现在广泛种植的大豆、小麦、水稻等农作物已经远远超过地域上其他很多同类群植物的生长量。从某种角度上来说，它的整个生存环境已经是很成功了。

我们和植物应该寻求的是一种平衡关系，而不是一种没有交流的关系。我们常见的一些花，如果没有人工授粉，它可能就没有今天的样子。很多植物如果没有昆虫或者动物给它授粉传播，可能早就灭绝了。从几十万年的进化史来讲，人和植物并不是简单的利用与被利用的关系，而是在寻求一种更好的平衡和谐关系。我们应该学会的是如何更好地认识一个物种，进而认识它生存的那片环境、那片森林，这样我们才可能去真正热爱和了解。如果对于植物永远是都是一种陌生的情感，特别是对于没有从事这个行业的人来说，是没有办法真正去更好地保护和热爱的。

森林
居民说

叶盆 佤族村民

"这片土地让我们吃饱吃好，吃好睡好，没有这片土地就没有我们啊！所以我肯定是幸福的呀。"

兰桂钧 川菜主厨

"麻和辣只是陪衬，不是主角，食物的本真才是主角。烹调要把自然的味道留在里面，调料加进去的同时要把本身的味道留住。"

刘建 重庆火锅店老板

"顺其自然嘛，四桌变八桌这个还行，但是四桌变十六桌，就要随缘了。"

植物的影响力

张万龙

———

导演

　　从铜壁关海拔两千米的地方，开车下到低海拔地区，湿热的水汽袭来，我感受到了热带的气息。车窗外，可以平视从路旁山谷里冲出来的百十米高大的树冠，周围萦绕着薄薄的云雾。作为地道的北方人，这种热带魅力是我从未见过的。我的身体里还保有一丝灵长类动物的本能，我跟上官老师（中科院昆明植物研究所研究员，也是我们拍摄时的顾问）说，我想跳下去，骑到树干上。我想拽着藤蔓在树干间跳跃，像人猿泰山一样。我想在小溪边搭一个木屋，生火做饭，喝溪水，吃虫子。

　　上官老师说，在山里不能住河边，你会被突如其来的山雨冲走，可能要到缅甸去捞你了。

　　这是我第二年拍摄《万物滋养》的森林篇。两年的拍摄，让我对森林和自然有了更深层的理解，我对它的感情也更热烈。在山野间生活，已经成了我越来越迫切的一个愿望。

气味是植物最直观的力量

植物完成第一重能量转化，释放出供养世界的氧气，为其他生命提供食物，也同样利用其他生命，森林中的万物构成了一个完整的食物链闭环。那么人在森林中的地位到底是什么呢？这是我希望探索的问题。

第二季拍摄主要集中在雨季，森林向我们展示了美丽外表下的凶险。当我们真正进入到雨林中，闯入森林的怀抱时，一切并没有我想象的那么美好。突如其来的雨水，来去自如的蚂蟥，一尺多长的千足虫，捕杀蜜蜂的蚂蚁，腐烂发臭的果实……如此艰险的环境，让我感觉到对森林的畏惧，毕竟这不是自己所熟悉的生存之地。我们只是森林中极其普通的一个物种，并不能抗衡什么，蛇虫鼠蚁，风雨雷电，都不能。也就在此刻，我们才开始思考一个问题，如今生活在水泥森林中的人们，到底与森林有怎样的关联，我们在自然中的位置在哪里？看起来，植物都比我们更有力量。

作为一个雨林动物代表，当人猿泰山受到攻击时，移动能力让他有了多种选择：奔跑，爬树，滑入洞中或奋起反抗。但植物不行，植物是静止的，它们必须待在原地，默默承受。正因为无法逃走或进行身体上的反抗（除了少数的树刺和荆棘），植物们发展出了一种秘密生化武器，就是用生物碱、单宁酸、萜烯、酚等各种次生代谢产物击退攻击者。最简单的例子，就是我们常吃的辣椒，这种原产于美洲丛林中的香料，就是利用一种被称为辣

椒素的化合物来趋避真菌。而这些化合物都有极其刺激的气味。长久以来，植物和天敌就这样魔高一尺道高一丈地共同进化着。然而植物的武器，却在人类的餐桌上失效了。这些武器对于人来说并不是致命的，反而是更丰富味觉的来源。当我们吃到四川椒麻鸡的时候，麻的不是鸡，而是花椒；吃重庆火锅时，辣的不是毛肚，而是辣椒；吃香茅草烤罗非鱼时，产生柠檬香的不是鱼，而是香茅草。我们所运用的多数植物香料，都是通过植物与其天敌之间复杂精巧的协同进化、共同舞蹈而形成的。假如没有这些关系，全世界的菜肴或许都会很清淡。试想一下，牛排不放胡椒，你下得去口吗？

在现代，人们更加追求美食文化的创新，曾经帮助人类完成了健康防线的建设，又帮助人类开启地理大发现，谱写美食故事，影响着人类历史的香料植物，如今更是人们塑造食物风味，丰富味觉变化，并装饰食物不可缺少的帮手。

这样看来，植物是什么？它其实是勾连人与自然的桥梁和纽带。芳香植物促成了人们美食偏好的形成、人类文明的演进、食物安全保障、免除疾病困扰……透过它们，人类使自己能够更加适应自然，融于自然。在此过程中人对自然环境

的价值取向为：人与自然的关系是和谐的，人必须与自然融合为一体，成为地理环境的组成部分，人的行为要为自然负责，但又不被动地屈从于自然。

意想不到的撒撇

出发调研之前，查了一些关于撒撇的资料，当时不太能理解，是什么样的机缘巧合，让人类遇见了它，也不能想象这个东西吃到嘴里会是什么味道。带着一堆疑问和好奇，我们来到了德宏。在芒市的第一晚，傣族民俗专家江晓林老师和一帮当地媒体圈的同行，带着我们去了一个傣家乐，据说他们本地人发现的最好的撒撇就在这里。红漆大方木地桌，配上小竹凳子，很鲜亮。因为做得地道，食客盈门，人声嘈杂。老板娘端出一大碗碧森森的汤汁，看起来没有那么大的杀伤力。碗沿上挂着一个大拇指粗细的红辣椒，弯曲的柄钩着碗沿儿，屁股尖儿奔拉在汤汁里。江老师说，这个就叫"涮涮辣"，只需要简单地在锅里面涮一下，汤汁就会变得很辣。他让我尝一口这个辣椒，我当然没敢尝试，只是用筷子夹着它在汤汁里面搅了一下。撒撇的蘸水是用牛肉泥，配上熬好的牛苦水，再用香蓼、韭菜等各种香料调配，牛舌、牛肚、牛肉、炸牛皮，围着蘸水碗码得整齐。

一起来调研的另外两个小伙伴，都朝我递了个眼神，意思是你先开始。我

不吃内脏，不吃皮，不吃肥肉，自认为是在吃上比较"作"的人，倒是真想尝尝这个撒撒是什么味道。于是，一狠心，模仿着本地人的模样，先夹一块牛肉，包一点蘸水里的生牛肉泥，在碗里面一搅和，捞点稀的，然后囫囵放进嘴里，用力嚼牛肉，再使劲咂摸咂摸汤汁里的味道，那神情据说很圆满。味道吗？没有想象中的臭味，但是真的很苦，回味的时候有股香料的清甜味儿。说来神奇，我还挺想念那个感觉的，据说吃撒撒会上瘾，我可能吃了一次就上瘾了。不过，我们一行三人，只有我尝试了，他们都不敢吃。后来，在拍摄完熬制苦水的过程后，没有人敢再尝试了。片子中绝对还原了熬制过程，那个味道应该可以想象。

关于撒撒的来历，有很多说法，我比较倾向的是起源于药的说法。在容易上火的天气里，撒撒能消炎去火，毕竟其中有牛胆汁的存在。

想来，自然界的万物为了能生存下去也是无所不用其极了。人其实也是一样，我们的活法并不独特，也不高级。

万物滋养的逻辑

在川渝地区，辣椒传入之前，人们就已经依靠茱萸、姜等刺激性植物来祛湿，辣椒传入之后，逐步成为美食中不可或缺的调味品，也形成了川菜的麻辣风格。

在云南南部，傣族、佤族、景颇族喜食酸苦辣，善用香草、香料、香果，这是在与自然作斗争的过程中克服气温高等自然因素而逐渐形成且保留的，是一个在劳动过程中形成的最朴素、最直接、最有效的习俗。我们在调研时就体验过湿热的威力，无精打采、头涨脑热。傍晚出门，在街上看到有人卖凉拌酸木瓜，酸木瓜切成条状，拌上辣椒和盐，第一次尝试，酸辣爽口，别有一番滋味。询问大娘为什么这么吃，她说干完农活就会这样吃，爽，有精神。而到晚上吃饭的时候，菜里面都会放上柠檬、香蓼、大芫荽，还有凉拌的刺五加，这些香草的相同之处，就是香味浓郁，解暑去火。

在云南，许多民族都有对"大青树"的原始信仰。大青树是桑科榕属植物，可以生长到30米左右，气生根和支柱根生命力特别强，会绞杀寄主植物，而且很容易"独木成林"。它们拥有蓬勃的生命力、很长的寿命、很多的果实。森林居民理所当然将其视为信仰，在街头巷尾的大青树下，时时都有人祭祀。德宏傣族的人们，还会在孩子出生时，种下一棵大青树，以求健康平安。大青树以其生物特性决定了它在人的生活中的隐喻。

每个地方都有自己独特的生活习俗。这在最根本上，是由这个地方的天地自然所决定的。天地决定了这个地方的气候类型和地理环境，决定了草木生长的样子，决定了万物的食物来源构成，也决定了人们对美食口味的偏好，决定了人文艺术

的模样，这就是万物滋养的逻辑。

　　叶盆的家是孟连县佤山深处的一个佤族老寨，从昆明颠簸了 12 个小时才抵达县城，第二天一早就赶往了寨子里。当地线人在电话里给我们指路说，出了县城遇见的第一棵大榕树右转，然后一直走。榕树是热带地区典型的植物，因为大也就成了人们指路的坐标。右转后进了一条小土路，一路盘山，开了好久，未见一人，与线人联系，她说已经看见我们了，我们仔细一看，在另一个山尖上，绿叶之间隐约出现了一抹红色，那是她的衣服。

　　在佤族的寨子里，我们在路边看到了一排灌木上结满了漂亮的橘黄色小果子，就问向导，这个东西能吃吗，她说，只要是佤寨里的植物，都是可以吃的。

最重要的感谢

在整个拍摄过程中，我要特别感谢中科院昆明植物研究所的上官法智研究员。

我们第一次听到他的名字，是在网络上看到一篇文章，叫《猫薄荷——喵星人，快到碗里来嗑两口！》，在科普了猫薄荷的诱猫原理之后，还附上了一个小小的猫薄荷食单。在中科院昆明植物研究所的官网上还有他的另一篇文章，《熟悉又陌生的东方香草植物》，讲得是中国西南地区经常食用却不被了解的香草植物。在与他电话沟通了之后，了解到这位植物工作者，竟然还是吃货，喜欢研究香料在食物中的味道变化。他的本职工作是将在自然界中发现的植物，制作成标本供人类研究，或做成装置艺术品跟小朋友分享，这也是理工男的情趣。而他的私人爱好，就是将各种香料植物，做成美食，而美食对于他就像是一场味道实验，香料如何搭配，香料何时下锅，火候对香味的影响，这些都与每种植物自身的属性有关，看似经验之谈，这其中的道理都是在自然当中注定。

我脑海里有一个深刻的画面，他站在窗口，对面是昆明西山的森林。他背对着我，我问他，"既然这么喜欢植物，当你面对它们的时候，有没有想过自己会变成一棵植物，然后去与它们平等地交流？"他没有回头，思考了一会说，"我为什么会是一棵植物？我从来没有幻想过自己要变成一棵植物，我只是希望，当我在面对它们的时候，我能以一个了解它们语言的人类身份，去平等地跟它们交流，当我走近森林中的时候，我只是一个物种而已。"他是一条连接自然森林与水泥森林的纽带，把自然的气味带给城市里的人，让我们感受到自己并非与自然割裂。

上官老师在理论和拍摄层面都给予了我们巨大的帮助。同时也是我们的一个重要拍摄对象，但是最终，因为影片时长的关系，他的故事无缘与观众见面。不过还是非常感谢他。

导演看森林

在大自然中，森林接受阳光雨露的滋养，汲取来自大地的力量，将这一切转化成了能量，孕育生长在其中的万千物种。我们人类曾经长久生活在那里，虽然现在的大多数人已经不会再记得与它相处的细节，但是我们生活中的一丝一缕都离不开它的滋养与馈赠。只不过，在《森林的芳香》中，我们选取的仅仅是它的一个侧面：森林如何通过香料植物在人类的生活中发挥作用，从建设人类的健康防线，到塑造美食的风味，再到塑造人类的饮食文明……这看似是我们对自然的利用，却也是我们与自然完美的协作：我们在享受自然馈赠的同时，也在协助物种，影响着生态变迁，这些构成了地理环境的一部分。

"人类并不是像天使般降临凡间，人类也不是殖民地球的外星人，我们是历经了百万年，从地球上进化出来的诸多物种之一，以一个生物奇迹的身份和其他物种相连。"（爱德华·威尔逊《生命的未来》）

在自然中，我们不独特，不另类，也不卑微。

在影片的最后，原本有一个长江中上游防护林护林员的故事，但是因为影片时长所限，最终无奈删去。这一段的解说词是：

"曾经，几乎整个大陆都有森林覆盖，长久以来，我经受了太多的洗礼。我的领地减少，可能是这个星球最彻底的改变之一。长江中上游防护林，是在我的领地日益萎缩的时候，你们开始重新回到我的怀抱，给予我的庇护。也许你们才刚刚意识到，在香气和口味之外，我们其实还有更紧密的联系，你们的田野，你们的水流，其实都有我的影子。我是森林，我用香气讲述了一个我和你们的故事，在这些食物的故事中，你们能否找到自己在天地自然中的坐标？"

在天地自然中，重新寻找人类的位置，这是一个长久且持续的过程，也是人类找寻"我是谁"的过程。

我是草原。88 年前，苏木雅在我这里出生，她第一眼看到的我，和她的祖先在 200 万年前初次见到的我，几乎一模一样。曾经，人们习惯了在树木丛生的密林中攀爬跳跃，采集野果，而来到我这里时，发现我似乎一无所有，光秃秃的地表，如同没有生命存在的外太空，只有水源灌溉下的绿色，带来了一丝生机。

尽管如此，摘下我空旷无垠的面具，在时间的长河中，我与人类渐渐彼此适应、磨合。人们用最简单的食材，和着最单调的节奏，不仅实现了人类健康身体所必需的能量平衡，还创造出丰富而纯粹的味道，和我一起构筑了这个星球上独有的饮食体系，我称为"草系料理"。

观看高清视频

"我做饭不好吃！"

草原的盛宴

行走的味道

　　我是草原，为了在我这里生存下来，一百万年以前，猿人类第一次尝试用双脚行走、奔跑、捕捉猎物，真正成为了人们引以为自豪的智慧动物。后来，人们发现，动物的肉在火上烤熟之后更好吃，追寻美食的历程就此展开。而关于我草系料理王国的味道，也总会伴随人们一次次的行走。

向夏季草场迁徙

凌晨三点，生活在中国边境草场的伊拉塔一家已经起床，准备出发了。他们今天有一个重要的使命：全家人带着牛羊，继续人类历史上最古老的的大迁徙行动——从冬天的草场走到水草更丰茂的夏季草场。这是伊拉塔家今年夏季最重要的事情。

首先，伊拉塔需要集合所有羊群，刚生下来的小羊羔，则享受特别待遇，可以和人一道乘车。随后，兵分两路，伊拉塔和家里的男人们赶着牛羊，妻子骑着摩托车，带着全部家当。他们将走上45公里，相当于马拉松长跑的距离，整个历程将持续10个小时。中途，他们会和羊一同休息，如果赶上下雨，他们会抱起小羊羔，不让它们淋到雨。

集合羊群

酸奶

奶豆腐

游牧行动开始的前一天，伊拉塔的妻子孟根琪琪格就开始储备路上的食粮。新鲜的牛乳暴露在空气中，等待细菌部队的造访。乳酸菌将牛乳中的乳糖转化成为乳酸，酪蛋白形成凝乳，经过 24 小时的发酵，就变成了一口酸得让人皱起眉头的酸奶。

加热后的酸奶，凝乳程度变高，又被人们研究出了新吃法。用棉布包住酸奶凝乳，过滤掉乳清，留住奶渣，再一层层用重物挤压成型。风干、静置过后，蛋白质含量超过 70%，方便携带的夏季游牧特供——奶豆腐便准备就绪。

伊拉塔一家行程过半，前一天的储备食粮摆上餐桌，进入午餐时间。奶豆腐和羊肉补充长途跋涉后消耗的能量，酸奶帮助消化。一餐过后，人和牛羊都恢复了体力，继续马拉松的后半程。

伊拉塔一家的午餐

在汽车和摩托车开到我这里之前，游牧靠的是这样一支叫做勒勒车的队伍。勒勒车，在蒙语中即"牛车"。我看着一辈又一辈的牧民，包括伊拉塔在内，在勒勒车的行进中，慢慢长大。我相信，这种生活方式，对于在我这里生活的每一代人，都是最美好的回忆。

勒勒车

我是草原，游牧是我们共同磨合出的相处方式，我看着人们春夏秋冬不停地走，让我得以休养生息，保持丰茂的水草，滋养这里的生命。人们与我共生共存的故事，总会伴随着一次次的行走。

说唱歌手毛勒日的父母，在年轻时离开我去到城市。现在，毛勒日常常往返在我与城市之间，为家里的餐厅补充食材，因为他觉得自己老家的羊肉特别正宗。毛勒日的妈妈乌云斯琴，正在做一道蒙古国边境与俄罗斯的美食——肉围子，酥脆的外皮包裹着熟米饭、肉和蔬菜碎，油炸出锅后，外酥里绵，肉香四溢，这是毛勒日童年时享有的味道。现在，他还尤其怀念那段日子，当时，父母在蒙古国开餐厅，放学之后他饿着回家，父母已经做好了饭，等着他和哥哥回家。

大多数时间，毛勒日生活在城市里，他想念我的方式，是给我写歌。他和朋友再一次回到我的腹地，为新歌拍摄音乐短片。在我这里，常常一天就会流转一个四季。傍晚的一场雨，让他们的计划格外蹒跚。而毛勒日带来的奶豆腐披萨，为我这里寒风凛冽的夜晚，带来了一丝暖意。这是乌云斯琴在儿子出发前一晚特意准备的，奶豆腐块和比萨饼皮一起进入烤箱，中间夹着蓝莓，出炉后，奶豆腐与顶层的芝士融合在一起，芝士的味道第一次成了配角，而奶豆腐的味道满口留香。

肉围子

奶豆腐披萨

毛勒日名字在蒙语中意思是"石头"。在我这里生活的人们，喜欢从我本身寻找名字的灵感，也用我的一草一木标记生活。毛勒日的爷爷曾在家附近种下一棵树，毛勒日每次看到它，就知道自己回家了。

肉
食
的
秩
序

传说，在 800 年前，成吉思汗征战途中，安营扎寨，饥饿难耐，士兵把滚烫的石头放入头盔中，和肉一起在火上烤，发明出了流传至今的石头烤肉。今天，这一古老的烹饪方法，依然可以满足旅行者饥饿的肠胃。

石头烤肉

手把肉

　　羊肉是人们在我这里生存所需的最重要食物。羊的每一个部位都不可浪费，而做法再简单不过。清水煮沸，放入羊肉，大火炖 30 分钟，炖料只有一味食盐。羊肉一变色，便可出锅，保留了由草转化而来的最原始的味道。在我这里的餐桌上，手把肉是主角。只要羊和人择群而居，简单自然的味道就一直都不会改变。

　　生活在我这里的人非常讲究羊肉的吃法，女人吃羊肋骨，羊腿属于男人，肩胛骨部分一定要由家中年纪最高的长辈来分给大家，而羊尾因为最有营养，要留给孩子。所有的食物都要先敬天，敬火神，然后由父母长辈们品尝，再分给家人。牧民清楚，羊不会只吃一种草。草场上的所有植物，它们都会用来充实自己。而羊吃了哪片草场的草，人们就会在吃肉的时候，也尝到那片草场的味道。

扫码看动画

　　人类的胃无法消化我这里的青草，而羊这位更古老的居民，从远古走来，进化出了一套特殊的消化系统。它们拥有四个胃。一个负责储藏和发酵刚咽下的青草，之后这些草会再回到羊的嘴里，细嚼慢咽。此后，轮到第二和第三个胃，负责研磨与筛检。只有真正的蛋白质营养精华，才会到达最后一站——皱胃。食物被充分消化，转化成能量，变成身体上的肉。这一套有机智能消化系统，可以算是我这里为人类配备的秘密后厨。

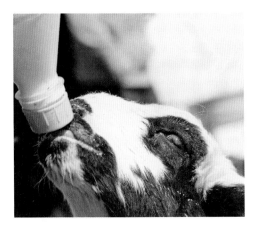

　　虽然吃羊肉，但牧民们和羊也彼此依靠，共同生活在我这里。对牧民来说，没有什么比小羊羔出生更让人开心的事情。游牧的时候，初生的羊羔可以乘车。下雨时，人们会抱起淋雨的小羊羔。从一片草场到另一片草场，路途辗转，现在的牧民们有了先进的交通工具，却依然要安排中途休息，目的是让羊回复体力。每一只羊的耳朵上，都有牧民们剪出的特殊豁口，作为自家羊群的标记，就算跑得再远，也能认出来。老牧民们会传给下一代迅速利落的动作，在宰杀时尽量不吓到羊，最后，还会为它们合上眼皮。

成吉思汗像

  我是草原，横跨欧亚大陆，经过数万年的发展，人们在我的王国里，逐渐形成了大大小小的部落。敬天法祖，是这里的一贯传统。正在我的腹地进行的是一场夏日祭纪念仪式，成吉思汗近卫队达尔扈特人的后代，用远古的语言献上赞美诗，纪念他们的英雄祖先。人们为我祈福，祈求雨水能够为我带来更丰茂的水草，滋养羊群。这被称为"那达慕"的聚会，也成了美食的天堂。男女老少在这里相互分享马奶、酸奶与各色肉食。

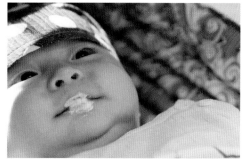

  800 年前，这里的一位君主曾试图扩张我的领地，他的大军，从我的东边横扫到西边，可谓繁盛一时。在那段历史中，有一道传说中的宴席，曾极尽奢华，如今，它正在我旁边的城市中复活。

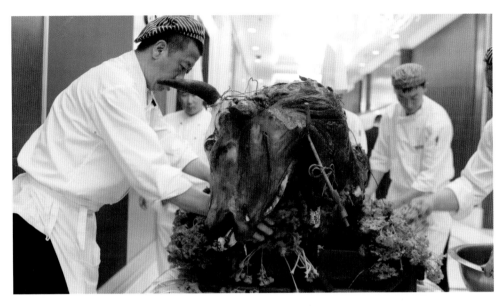

诈马宴烤全牛

　　诈马宴，是我见过的最华丽的人类宫廷盛宴，一整只牛或羊为主角的宴席，是对客人最大的敬意。一头牛相当于五个成年人的体重，到了城市，失去了我的广袤土壤，水土不服，想要做成这样一道料理，一个人可不能轻松完成。主厨孙剑昊的手下有120多位厨师，他需要把这些人组织起来，共同再现人类在我这里最奢华的美食体验。

炭烧小牛排　　　　　　　　　　　　　　　烟熏小羊腿

　　传统的料理来到今天，除了呈现我肉食王国的气派，孙剑昊也一直在琢磨口味上的精致与创新。不过，尝过百味的主厨，也同样钟爱最简单的水煮羊肉，那是在我这里不变的口感。

绿色的新生

　　88岁的苏木雅和85岁的弟弟苏那木，在我这里的长寿秘密，还需要最后一道营养料理。一千年前，外乡人带着发酵的茶叶，第一次来到我这里。人们在煮沸的茶中加入新鲜牛奶，再混合进我的特产——炒米、奶油和黄油，让来自温暖南方的树叶融入到我的世界。这区别于其他地方的独特茶味饮料，就是蒙古奶茶。茶叶中富含维生素C，这是我唯一无法大量提供的人体必需的营养元素。有了奶茶，人们在我这里的健康生存和繁衍，终于补齐了营养链上的最后一环。

午餐开始，羊肩胛骨肉由苏那木来分发，姐姐苏木雅现在已经不吃肉了。她觉得，一辈子吃肉直到 88 岁，"已经可以了"，现在她最大的愿望，是在有生之年看到儿孙长大。

苏木雅至今还记得她小时候用小白蒿记年龄的情景。在我这里，人们用青草纪年，每当经过寒冬，我变回绿色，草儿大量返青，说明新的一年开始，而为新生祝福，也是人们最大的喜悦。今年，小男孩阿木古楞第三次经历我返青的季节，全家族的人，都在为他准备一生中只有一次的牧民加冕仪式。

草原奶茶

阿木古楞

祖父带着阿木古楞上马

　　传统的食物全部到齐之后，阿木古楞要剃掉一头蓄了三年的胎发。仪式的最后，小主角阿木古楞一口奶豆腐开席，全家人吃一顿大餐作为结束。阿木古楞也从扎辫子的小姑娘，变回了男孩子的模样。宴席结束，祖父带着阿木古楞一跨上马背，标志着他从此以后获得了自己的牛羊。

　　白驹过隙，很多人在我这里度过一生平静的时光，长成白发苍苍的老人。行走间流逝的时间，是人类在我这里度过的几百万年。我是草原，融入万物循环，生活于自然之间，而这也是草系料理的终极滋味。

人物采访

刘书润

————————

内蒙古师范大学生态学教授

刘书润，著名植物学家和草原生态学家，内蒙古师范大学生态学教授。年轻时插队内蒙古，如今，年近 80 岁的他已经不再撰写论文，一心只想当"生态导游"，投身于草原保护区的建设、游牧文化等领域的教学和实践工作。

您和老牧民交流的主要是哪些方面？

刘书润：草原畜牧业有很多环节，草的环节，牲畜的环节，还有其他环节，还有出售环节。作为一个牧民，这些技能都得掌握，所以比较复杂。他们的经验也特别丰富，特别是老牧民的经验，对畜牧业非常重要。另外因为草原比较复杂，情况比较多样，各地都不一样，所以需要一些有经验的老牧民来指挥草场的利用。过去都是有这个制度，整个草场的管理主要是听这些老牧民，听这些牧业能手的话。他们实际上是草场管理的指挥者，一些领导都听他们的话，按照他们的指示做，每年都开会研究，整个草场怎么布置，一年四季怎么调配草场，是他们说了算。

我学的就是生态专业，后来就分到草原研究所，后来又到内蒙古大学，主

刘书润和牧民

要从事这方面的研究和教学，在牧民当中吸取牧民的经验，从毕业开始就做这个工作。学校里学的都是理论，结合实际还是不够的，我真正到了牧区以后，才体会到整个放牧的复杂性，学到很多很多的经验，结合实际以后，才能掌握更多知识。50多年，我没有一年在家里待着，都是在外面，一般是半年在外面，有时候冬天也在牧区。

怎样的草场最好？

刘书润：单独的一块草场，哪怕是最好的草场也不能固定四季放牧不退化，所以草场的价值在于组合起来。比如有的盐碱地，特别是光光溜溜的盐碱地，草长得很少的盐碱地，单独放牧是不行的，可是它能够补充很多营养元素，所以它也是很重要的。比如沙地，沙地在冬天就是好草场，夏天太热，就不能进去。要是我在一个沙地上，那只能冬天进，夏天就不行了。可是有的特别高的地方，特别冷的地方，只能夏天去，冬天就不行了，所以草场组合起来才能发挥它的

最大作用，体现它的最大价值。

夏天主要是抓水边，夏天特别热，必须让牲畜能够喝足了水，不喝水是不行的，所以夏天就在水边上放牧比较好。另外还有高地，太热的时候就在高的地方乘凉。冬天要找比较暖和的地方，丘陵地区的沙地上比较暖和、比较背风，因为背风，它的草都是完整的，太高的话，风一吹，就把草的叶子吹掉了，保存不了，所以在丘陵地区的沙地上，冬天就有吃的。

另外，冬天一般需要到屋脊草场去，因为冬天吃雪，就可以利用夏天去不了的草场。冬天去，那个草场也比较高，还有雪，牲畜吃雪，就利用夏天不去的，保存比较好的草场。所以放牧，需要各式各样的草场组合起来，才能发挥它的最大作用。

各种草场都有它的价值，都是放牧需要的，单独一个草场，它的价值就很低了。需要不同的草场组合在一起，一年四季，春夏秋冬都有草吃。

牧民对草是什么感情？

刘书润：对于牧民来说，草是活的东西，它是有生命的。牧民对草是非常珍惜的。在过去，我们到牧区吃他的奶制品，给他钱，牧民不高兴，他说我的奶是草换来的，我的草是非常珍贵的，非常洁净的，你那个票子是比较脏的东西，怎么换我的干净的食品。他是这么认为的，草是当做朋友对待的。牧民对草是非常爱护的，是尊重的。

有一种蒿子，叫冷蒿，小白蒿，它是最早返青的一种植物，冬天它在下面，还是绿的，等到6月份，别的草还都黄的时候，它就返青了，牲畜就吃它。牲畜整个一冬天吃枯草吃多了，特别盼着青草出来，返青多了之后，牲畜马上吃，吃了以后整个就变样了。叫的声音，走的姿势都变了，精神来了，活蹦乱跳了。牧民说小白蒿一返青之后，就变成新的一年开始，所以牧民是以草定年。你问孩子几岁了，"我经过小白蒿返青了五次"，说明他五岁了。牧民说小白蒿是最好的草，还有蒙古歌唱小白蒿。还有一些蒙古谚语，说马吃了小白蒿长精神，听老人的话长知识，等等。

牧草有好坏之分，但是牧民不是像我们这么清楚地分出这个优等，那个劣等。有毒的草也有特殊的用途。比如说有一种花叫白头翁，它是有毒的，可是牲畜必须要吃。老牧民会在白头翁5月份开花的时候，故意把羊放到白头翁多的地方，让羊吃，因为它有驱虫作用；比如麻黄，一般还有点小毒，可是冬天它是绿草，少量吃的话，它对牲畜的抗寒还有帮助。所以到了冬天，有麻黄的地方，老牧民让羊吃一点麻黄，冬天不怕冷了。各种草有各种草的价值，虽然有时候遇到有毒的草，吃一点也没有什么了不起的。甚至是羊，特别是山羊，会挑着草吃，比如它不舒服了，有病了，它会找草吃，它有这个本事。而且我们的羊，是非常爱惜草的，吃草的话，绝对不会把一种草全部吃尽，它挑着吃，只吃一部分。所以牧民讲，我们的牲畜是喜欢草的，爱草的，它吃一部分就走了，草场很快就恢复了。

那时候草的种类非常非常多，一平方里一般都是二三十种草，最多的时候有56种植物，一平方里有56种植物，这一片有好几百种植物，羊需要什么就吃什么，多合适啊，现在很多草就没有了。这也是草场退化的一个象征，不光是矮了，稀了，而且种类少了，很多草就没有了。所以现在我们放羊，是在保护草原。有的草没有了，我们牧民讲为什么没有了，因为马群没了，马爱吃的这些草也就没了，不吃它，它也不长，经常吃它，草还能长。有一些高大的灌木现在没有了，为什么呢？这些高大的灌木羊和马都吃不到，就骆驼吃得到，骆驼没有以后，高大的灌木也就退化了。所以不吃也不行，当然吃很多也不行，要适度利用，而且适度利用是按季节利用的，草场很快就得到恢复。

在牧民心中，草就是他的朋友，是他的老师，是他的战友，是非常珍贵的。牧民对草是这样的，草露出根了，他下马把它埋好了，不能露出草根。所以对牧民来讲，不能把草根挖出来，蒙药的大部分不是用草根的，只用地上的部分，这跟他们的文化有关系。

牧民的嘴里从来不说环境恶化，顶多是脆弱，环境脆弱，说恶化对草是不尊重的，环境怎么能恶化呢？我们说草场退化，他们说草场累了。再退化严重点，就是受虐待的草场，草没有错，它受虐待了。牧民对于这里的一草一木是一种尊称，不会用贬义词。

牧民为什么觉得沙漠是好地方呢？

刘书润：牧民用最珍贵的称呼来称呼沙漠，"腾格里"。腾格里是蒙古人的天堂，是长生天的意思。蒙古族是敬天的民族，可是把这个名词给了我们认为是不毛之地的沙漠，腾格里沙漠，他对沙漠就这么尊敬。牧民讲沙漠和沙地是干渴中的清泉，是我们的地下水库。后来我们到沙漠里考察，才知道这句话是真的，沙漠里面并不是没有水，一个高大的沙丘必然跟着一个湿地。

从历史上来说，丝绸之路的最佳路线是在沙漠上走的，因为它有水，有骆驼，沙漠和沙地是金色的摇篮，它里面是丰富多彩的，有那么多植物，那么多群落在沙地上，比我们地带性的荒漠都丰富。另外它是最温暖的家，是最好的冬营地，因为在草原牧区最难熬的就是枯草季，就是冬天，又寒冷，草又枯了，是最难过的，可是在沙地上，在沙漠上，它最温暖，草是完整的，可以吃雪，可以吃草，这是最温暖的家。所以我们这儿白旗、蓝旗、黄旗，都是围绕着沙地来分的，各个旗县都是抢着一块沙地，而不是不要沙地。

您对草原是什么感情？

刘书润：我们这个生态专业从北大搬到草原上了。为什么要从北大搬到草

原上？我们的导师李继侗，他是中国生态学专业的创始人，他认为生态学最好的地方就是内蒙古草原，所以他把这个专业从北京大学搬到当时还没有建立的内蒙古大学，然后在草原上课。我们北大的这些老师搬到内蒙古有一个宗旨，我们决心把尸骨埋在草原上，假设你有这个决心，跟我走，到内蒙古草原去，就是这样一个精神。当时讲的是，我们到内蒙古，我们的尸骨埋在草原上，将来我们的尸骨都变成草原上的一棵棵小草。李继侗先生去世以后，他的尸骨就埋在草原上。所以我们这个生态专业的人，将来我们的尸骨无疑都埋在草原上，将来也变成一棵棵小草。

现在我到草原上，感觉又见了我的"老朋友"了，这是针毛，那是冷蒿，那是小白蒿。有一次，我迷路了，不知道走到哪儿去，就等着人来。坐着以后，我点那个草，正好附近有56种植物，我回想起来我的小学同学，也是56个同学，我又跟小学同学见面了，我自己念叨着。最后来了一个马车，我就坐马车走了，过了河。

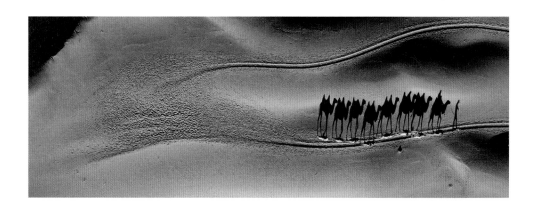

您怎么看游牧这种生产生活方式？

刘书润：因为我们都在干旱区，草原的荒漠地带比较脆弱，它的蒸发远远大于降水量，所以物质分布不均匀，它在这个地方，不是多这个物质就是少那个物质。另外，它的时空多变，空间的物质分布不均，时间也不一样，这儿下雨，那儿可能不下雨，空间和时间变化太快，而且都不均匀。在这种情况下，你必须经常动，你在一个地方定了，这个地方东西吃多了，就中毒了，也缺营养。我们吃自助餐可能就跟游牧学的。我们的大草原上好像没有大烩菜，都是单炒菜，也没有百货大楼，都是专卖店，你要想得到这些东西，必须走，才能得到。

真正放牲畜，不是从游牧开始的，有人说学狼，狼跟着野生动物走，牧民跟着羊群走，不是这么回事。真正的游牧产生比农耕晚得多，我们蒙古高原是3000年的历史，我们农耕可能就有5000年、6000年，还有8000年的历史。为什么呢？因为真正做到大规模的游牧，需要很多条件，第一是生产力必须提高得很快，有保证。金属的东西，马镫，特别是金属的马镫发明以后，才可以驾驭马。另外还有交通工具，车辆从铜器时代就开始有了，夏家店上层文化才产生的游牧。

而且游牧的组织非常严密，必须有国家和部落强有力的组织才能游牧，有人说它原始的，那是不对的。需要很多条件才能游牧。游牧是对这个环境的积极适应，游牧是要有条件的，社会发展对于游牧最有利。现在这个时代更有利于游牧了，过去没有车，现在有汽车，牧民可以用直升机，手机也有了，比过去方便多了，进一趟也方便了。所以现代社会对游牧更有利，有的蒙古包也在走，牧民有房车，最后开车走了。而且游牧是这一个原理，你必须这样，社会现代化以后，你必须得跟自然和谐，你怎么和谐？就得动，没有其他办法。

游牧不是原始落后的，它是先进的，是要积极地适应才能产生的。

所以游牧文化有几个特点。一个是移动，一个是集体，游牧生活必须集体，个人没法移动。不光是东西简单，它的组织也非常简单。另外还有和谐，必须得和谐，合作，另外还有严格的法治，才能游牧。此外还有诚信，大家共同去遵守，这样才能真正有效地游牧。所以游牧是有条件的，现在这个社会不是不利于游牧。我们现在的牧民什么都干，弄个飞机，有遥控，给骆驼弄上什么耳，到时候用电脑一看就知道它到哪儿去了。所以现在是更适应了，比原来走得更远，更好，对草场更有利。所以游牧是最有效的生产，从生态上，从文化上，从经济上，都是最有效的，我们现在应该比过去更有效一些，更好地游牧，这样才对。

牧民的饮食是不是也是在适应环境？

刘书润：对，适应他的游牧生活。牧民的饮食不是一天两天是这样的，多年的生活，形成了这样的组合。夏天吃白食，冬天吃红食，吃肉食，而且非常简约，搭配非常合理。我们过去牧民吃肉很多，可是他的心血管反而比较好，血压高的也少，这就是他的食物搭配问题。过去的奶茶是砖茶，牧民整天地喝茶，所以有很多人没有病，心血管病的也少，整天吃肉，也没有这类问题。

您觉得草原是什么样的性格？

　　刘书润：我们对草原的看法是，它是无限奉献的一个草原，它是我们的母亲，它养育了我们，是受尊重的草原。所以我们不应该把它分成一块一块的——这是一块胳膊，那是一块大腿，这样母亲就死掉了。我们大家要共同维护它，它是我们共同的母亲，没有草原我们什么都没了。这些草的贡献太大了，养育了我们。

　　这些草多好啊，而且在这么恶劣的，我们认为不好的环境，它长得都这么好。所谓的不毛之地，也有其他的植物。草原没有绝对的空地，都有植物，都是伙伴。就像我们牧区，没有孤儿，没有孤老，没有寡妇，所以我们的草原也是，它们形成群落，彼此之间都有关系。

您觉得草原是什么颜色的？

　　刘书润：它的基调是绿色的，这是没问题的。不过总的来讲，草原是彩色的，各种颜色都有，五花八门。因为它在绿色的基调上开很多花，草原的花有白色的，蓝色的，还有很多黑色的花，各种颜色的花都有的，而且各种花的样子也不一样。我们看的话就非常多样，一般人看好像比较单调。实际上草原也有各种颜色，同样都是绿色，也都不一样，它的姿态也都不一样，它是丰富多彩的草原。

草原
居民说

———————

浩毕斯格拉图 牧民

"这里是我出生的地方，就这样过了
50年，我都已经50多岁了。什么时候都
是跟着自然走。"

伊拉塔 牧民

"游牧的时候累啥呀，让羊休息一下
就行，人不累。"

毛勒日 蒙古族说唱歌手

"不是吃的过程，而是剩下的味道
最棒，因为味道是想要的东西。"

彩虹色的草原

李静思

————————

导演

五年前去过内蒙古，机缘巧合地生活过一年。当时去的地方是内蒙古最西边的阿拉善左旗，紧挨着腾格里沙漠，那里是荒漠，完全没有"风吹草低见牛羊"的样子。那时候的我明白了，草原是一个特别大的概念，有绿色的，有土色的，也有灰色和彩色的，可能最大的感触就是，你躺在土地上，可以看见地平线，天地的分界。

我们这次的采风地点是内蒙古东北部的草原，南北贯穿走的路线。一路上有很多人为我们提供了帮助。好像只要在草原上，就有一种离得再遥远，也是一家人的感觉。草原上牧民的房子，居室的门可以锁，但是厨房的门夜里也是敞开的，为了让路过的赶路人饿了可以吃上一口，填填肚子。拍摄鄂温克民族纪录片三部曲的顾桃导演，是我们在内蒙古见到的第一位朋友，他为我们引荐了他的朋友——小吃店的老板，同时也是艺术家的图雅夫妇。图雅夫妇不仅接受了拍摄，还为我们打开了满都宝利格的大门，他们的朋友让我们看到了中国边境最美的草原之一，也带我们找到了世代生活在草原深处的伊拉塔一家，我们有幸拍摄到了他们从冬

季草场搬到夏季草场游牧的全过程。

游牧生活，是我这一次拍摄中看到的与自然最为融合的生活方式。赘述良多，不如我引一次和伊拉塔喝茶时候的闲聊。伊拉塔有一只小羊羔，一直带在身边，我们喝茶时，小羔羊也在身边嗷嗷小声呜咽。我看它可爱，就问伊拉塔，"小羊羔要是长大，你们会杀它吗？"

"不会，它不杀了。"伊拉塔低头看看脚边的小羊，嘴角上翘，用带着口音的简单汉语回答。

"哦，那它长大了以后怎么办？"

伊拉塔愣了一下，可能没想到会有人问这么奇怪的问题。

他回答："长大了，就……死呗。"说完胸口和嘴角一动，好像是要被自己逗笑了。

这一集的出现的食物，几乎全是大块大块的肉。这是草原人的食物结构，也形成了他们的胃和机体。我从来没有在草原上见过骨瘦如柴的人，但他们也不胖，不论男女，就是身体上的一种壮硕，穿上蒙古袍刚好可以撑起来，上下马背的矫健，好像可以看到蒙古袍底下的肌肉纹理。

最享受的是看他们吃肉，尤其是男人。我们在老牧民浩毕斯格拉图家吃饭，那时我们刚到草原上没几天，但是对于肉食的额度已经到达了上线。一桌的肉，其实有点难以下口，一路吃了太多，我们实在有点吃不动了。而浩毕斯格拉图也不怎么太劝我们，他就拿起一块肉，拿着刀，一块一块往嘴里送，吃的样子从容而优雅，但是在将肉送到嘴里的一瞬间，舌头和上下唇把肉从刀上吸入的瞬间，

他的表情专注而直接。

　　这一集的结尾部分有几个沙漠的画面，本是想拿出来单讲些沙漠和草原，但因为时长要求删掉了。沙漠在蒙古语中叫"腾格里"，翻译成汉语，是"天堂"的意思。生活在草原上的人，没有将草原称为天堂，和羊的关系那么亲密，也没有说羊来自天堂。为什么呢？我们采访到内蒙古大学的草原生态学家刘书润教授，他从科学角度解释说，沙漠中看似没有水，但实际上，它的地下水资源相当丰富，草原上的水源，大多靠的是沙漠的地下水。

　　而我也愿意理解为，对于草原上的人而言，他们远离现代文明，在物质极端匮乏的地区生活，游牧的生活方式，连城市人最在意的房子——稳定的居所都愿意放弃。和我们相比，他们就像生活在"外太空"，从古至今，比我们开始得更早，也比我们走得更远，他们其实在探索人类作为一个物种的生存边界，也在寻找浩瀚自然中更多的可能。

蛋白质旅程

冯格南

摄影师和剪辑师

"水草丰茂"是我这个之前没有去过草原的人对草原的美好想象。然而，当我离开城市，真正走在草原上，才发现这里其实是与荒漠和沙地并存的干旱地带。生活在这里的人们，要不停地走，逐水草而居。很难想象，人类追随着自然的足迹，过着迁徙的生活，从古代一直延续到今天。这一生活方式造就出了极致淳朴的草系美食，我们的拍摄也踏上了奇妙的蛋白质之旅。

奶制品与肉食是我们这一集餐桌上的主角，调研与拍摄中，最令剧组犯晕的就是奶制品的制作。在草原深处，苏木雅奶奶家有三个截然不同的厨房，鲜奶要在三个厨房间不断流转，才能最终成为固体的样子——奶豆腐。那里就像是天然的实验室，我们跟着苏木雅奶奶的

苏木雅奶奶　　　　手把肉

"三哥"伊拉塔

儿媳妇，在三个厨房里忙得团团转。鲜奶制成酸奶，要在主卧的厨房里发酵，奶油在偏房的厨房里变成黄油，最后制成奶豆腐，需要在蒙古包的厨房外自然成型。草原上的人对这些复杂的程序烂熟于心，而我们看得晕头转向。

　　和拥有三个神奇厨房的苏木雅奶奶比起来，我们的另一位主人公，伊拉塔一家要简单许多。伊拉塔是一位特别随和的牧民，我们习惯称他为三哥，记得第一次与他见面，吃完一碗炒米，他就骑上摩托带着我去看他家草场上的一窝旱獭，那些憨态可掬的旱獭像极了伊拉塔。更神奇的是，随着伊拉塔一家的迁徙，这一家旱獭也消失不见了，这是我后来去补拍旱獭镜头时发现的怪事。后来我问伊拉塔："原来的旱獭一家怎么找不到了"，伊拉塔慵懒地躺在夏季草场的蒙古包里玩着魔方，用魔方的一个顶角给我指了一个方向，说："那里有上百家的旱獭，你数都数不过来。"再后来的故事就是大家在片头看到的，一只肥肥的旱獭从草丛中站起，它看的方向便是伊拉塔夏季草场的家。

旱獭

浩毕斯格拉图

从"风吹草低"的满都宝力格草原，回到东乌珠穆沁的哈日戈壁，房车外的浩毕斯葛拉图在唱着长调。浩毕斯葛拉图是哈日戈壁上的牧民带头老大哥，他的名字汉译过来是"革命"的意思。初识革命叔是从他吃肉开始，那还是第一次去他家调研。正是午饭时间，要知道对牧民来说，中午是只喝奶茶就已足够，只有客人来了才会拿出手把肉。革命叔手握剔刀，沿着羊的肩胛骨，顺着纹理一片片把肉片下，分给我们每个人。手中的骨头上，肉已经所剩不多，按照我的认知，这样的骨头可以放弃了，另选一块成色更好的。但是革命叔的剔刀上下翻滚，一块肩胛骨的肉，最后剔得连一块筋膜都没有剩下。后来我才知道，那块肉对牧民来说是最好的肉，剔那块肉的人是绝对的长辈，没有功力，是吃不出美感的。

粗算下来，从 2018 年调研到 2019 年成片，足足过去了 10 个月，从草原到荒漠，感谢所有为本片提供帮助的朋友。

导演看草原

草原上面的人，地理上的距离，经历了千万年的时间，形成了不同的文字，文化，甚至关于触觉本身已经不一样了。

在语言上，蒙古族本身的蒙语，本身没有很多现代我们的词汇，那些词汇是关于高楼大厦的。而像在蒙语里，就像在片子里所说，"天空中的裂缝，缝隙"是他们对丁银河的称谓，翻译到汉语里面，我们会觉得分外诗意，也可以说他们是在自然营造的诗意中生活。

当时我们在准备拍摄边境上游牧的伊拉塔一家人，制片特别想确定下来拍摄的具体时间，具体哪一天，凌晨几点开始。伊拉塔和我说，不好说，我当时挺不理解这个"不好说"的。他也好像很没有耐心和我解释，只说，"快了，差不多了，过几天"。后来我才慢慢了解，他们是要看云，看天的变化，他们本身有那种触觉，不需要现代的天气预报，他们躺在草地上就有触角，能够感受到哪一天才是他们的良辰。而我们的拍摄，只能和他们一样，把自己交给自然，所以我们就一直蹲守在那个地方等着，只能等着。

张翠兰今年89岁了，王文河小她两岁，他俩是我这里的一对长寿夫妻。"儿童团开会，我们俩就认识了。"近一个世纪过去了，他们仍坚持每天下地干活，这样的劳作场景，我已经熟悉了上万年。

我是田野，由你们人类创造而来。最初，你们和动物一样四处觅食。后来，你们携带着野草到处游走，草的种子掉落到土地里，长出了庄稼，由此发现了种子的秘密。于是，你们渐渐定居下来，开荒、播种、规划和改造原本荒芜的大地，于是就有了我。我随着你们的进化和繁衍，一同升级更新。直至今天，原本诞生于一个意外的我，成了现代人类生活中最亲密的自然伙伴。

观看高清视频

"哪有什么最好吃的东西呢？窝窝头和白面，这就是好吃的了。"

田野的饱足

田之颂

在中国东北的黑土地上，有一对夫妻。我记得他们俩刚来的时候，我还藏在一片荒芜之下，他们也只是开荒大军中的一对小夫妻。人们驾驶拖拉机，翻地开荒，用镰刀割草，汗水滴在我身上，一点点造就了现在的我。

农场的田野

　　林志红和陈兆军是黑龙江 858 农场的职工。40 多年前，14 岁的林志红为了能吃上一口白面馒头，从老家来到我这里，后来遇到了陈兆军。两人一起承包土地，种大豆，也种玉米。割草时，林志红一天能割两亩地，她清楚地记得那时的感受："干割不到头，可累了。"

林志红和陈兆军

　　如今，林志红退休了，陈兆军下地干活时，总会有一锅他爱吃的菜，或是包子，可以带到我这里作为午饭。眼看陈兆军马上也要退休了，我也要迎来新的耕作者，夫妻俩嘴上说种够了地，可心里还是有些舍不得我。当初吸引林志红到这里的白面馒头，配上一碗红烧肉，现在依然是他们心中的极致美味。

田垄中的劳作

　　一万年以前，上百万对夫妻，和陈兆军、林志红夫妇当年一样，在地球上逐渐勾画出了我的形体，在我身上挥洒汗水，心中默祷风调雨顺。而我，也在学习万物共生的法则，承接合适的阳光和雨水，滋养庄稼，为人类带来丰收。

村民在神农像前行礼

舞蹈的村民

在与我的长期合作中，人们学会了观测四季时节，找到了风霜雨雪的规律，在我身上的劳作进而更加高效，也更融入自然。于是，人们会选择一些时节，举行仪式，跳起舞蹈，为我祈福，希望整年的辛苦有丰厚的回报。

农历六月十五，在中国最北端的一个朝鲜族村子，黑龙江省江西村，在村长全成万指挥下，一场为我准备的节日庆典，正拉开序幕。这是朝鲜族的传统节日——流头节。这些终年与我生活在一起的人们，从我身旁的河流里取水，在我的土壤里播种插秧，除草施肥，期盼着我能有丰厚的产出。他们将在我这里每日的劳作编成舞蹈，全身心赞美我蕴藏的能量。这个习俗从古代农耕时代，我诞生不久时，就开始了。

人类书写的典籍中记载，我的创造者是神农，这位神明从天上带来了一百种谷物的种子，播撒在人间，又发明农具，带领人类开荒种地，循着自然的规律，在土地中找到生存的保障。

我是田野，水源是我生命的源头。这样一场写意的庆贺，被选在每年盛夏沿河举办。那正是河水上涨的时节，一年四季最热的时候，人们携带酒食来到河边，女人们解开长发，在东流的河水中浣洗，祈求丰收与健康。

流头节的仪式

　　一百年前，从朝鲜半岛迁移过来的几户人家定居在江西村，开荒种植水稻。大米是他们的主食，他们发明出了大米的很多种吃法，可以包上紫菜，也可以发酵成米酒。全成万和他的朋友们正在做的是朝鲜族传统食物——打糕。精选的大米经过反复捶打，蓬松的支链淀粉分子开始相互抱团缠绕，形成弹嫩的口感，再裹上甘甜的红豆粉，这一节日必备食物便可以上桌了。我也可以分到几块打糕，这是和我生活在一起的人们，对我的滋养最直接的回馈。

捶打大米制作打糕

水稻

　　全世界超过一半的人口要靠大米生活，而水稻则是我这里最著名的特产，因此人类开始不停地复制我，扩大我的领地，而我也不断地为你们产出美味的原材料。

馍之花

一年四季有很多节日，农历腊月二十三，休眠了一整个寒冬的我即将苏醒。小年夜，春节的脚步临近了。此时，在城市的超市里，我产出的吃食早已经堆积如山，准备迎接新年，而在河南省深山里的西掌村，杨张林夫妇的家里，却是另一番景象。这里，还保留着对最古老生活方式的记忆。

杨张林夫妇

　　老夫妇准备第二天到山下县城的儿子家去。今天一整天，他们都在准备行囊，最重要的行李，就是自己家磨的面和自己蒸的馍。一大缸面足有 10 来斤，要发酵到凌晨四点钟，而且，为了让面持续均匀受热，得有人一直守在一旁。

　　杨张林和刘福莲的老房子已有上百年历史，二楼的谷仓中储藏着各类谷物，大米装在木桶中，小麦装在铁罐里。谷仓的尽头，立着一只面缸，里面保存着传统发酵面食的秘诀。刘福莲制作面食的技艺都是和母亲学的，面缸里的“老面”，是“妈妈的味道”最重要的品质保证。

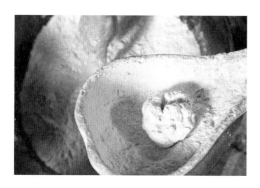

老面　　　　　　　　　　　　　　　　　　和面

　　面粉中的面筋与淀粉遇水后，让面食更有可塑性，而塑型的第一步便是和面，面和水的比例要恰到好处。没有量杯，也没有厨房秤，刘福莲和祖祖辈辈们一样，用手感受着面团的力量。

扫码看动画

夫妻配合干活的模式，几千年来，我看到的样子一直变化不大，默契很多，争吵也不少，像是平静生活中的涟漪，只要有一点点外界干扰，就会荡起或大或小的水花，却不会阻碍日子的继续流淌。杨张林被妻子刘福连指责看守面缸时只在一旁看电视，而他嘻嘻笑着，坚持说自己看电视就是为了保持清醒，不要像老伴上次那样睡着了，差点起火。不管过程如何，经过 12 个小时的发酵，一缸面总算是发好了。

老两口的拌嘴让我回忆起 6000 年前埃及的一个夜晚，一对夫妻在制作面食，偷懒的丈夫趁妻子睡着，也打了个盹，几个小时过去了，面团内的酵母菌将谷物中的糖分代谢出二氧化碳。丈夫醒来后，发现了胀大的面团，慌张地丢入火堆中，结果意外地烤出了绵软蓬松的口感。他的妻子也成为了地球历史上第一位吃到发酵面食的人类。

中国的北方主要以种植小麦为食，最初人类是把小麦煮熟直接食用。从小麦原粒，到可以吃的面粉，人类也经过了漫长的探索。

小麦

刚打下的小麦

人类的胃无法消化粗糙的麦麸，首先要找到方法给小麦脱皮。这里的人们相信，两千多年前，是一个叫鲁班的人，想到了一种方法，把两块坚硬的岩石摞在一起，像牙齿一样，碾碎小麦。经过多次筛捡、碾碎，小麦的麸皮被完全过滤掉，麦仁也一并磨成了细粉，人类也因为越来越多的发明创造，得以指挥其他生物。

石磨

将麦粒扫入石磨中

自然的多变或许让人捉摸不定，但是人类的祖先创造我，驯化我，最终让我成为人类最重要的主食生产地。而我产出的粮食，从果腹到艺术，靠的就是厨房里的手艺了。过年了，按传统要做出应景的花馍，盘出的面花呈现了人类对于自然世界的理解和创造，红色的枣子增添喜庆的意境。刘福莲的花馍盘好了，只待上锅蒸熟。

刘福莲做的花馍

撤下旧年的灶神

"锄禾日当午，汗滴禾下土，谁知盘中餐，粒粒皆辛苦。"在把我创造出来的悠长岁月中，人们也随着创造出无数的神话、传说、成语和诗文，传颂我们一起辛劳奋斗的过程。这些故事和文字，既深刻又直白，比如灶神的故事。在这个小山村里，我身边的这对夫妻，在小年的夜晚，蒸好寓意吉祥的花馍，换下旧年的灶神，辞旧迎新。

小年夜的第二天清晨，杨张林夫妇开始收拾东西，准备出发去儿子家。班车每天只有上午两班，40分钟的时间，便可到达山下的县城。他们要帮儿子家一起做过年的花馍，延续家里的传统。这种一对一的面授课程，每年都要进行。作为厨房的前辈，刘福莲要展现一下技艺，做出更多的花样。她略带固执地希望，趁现在还干得动，尽可能多地把蒸馍的本事都传给儿子一家。

谢云仙做的花馍

山西运城的谢云仙，今天也准备做花馍，为80岁的父亲祝寿。谢云仙来自一个花馍世家，家里十几口人都是做花馍的。谢云仙从小喜欢花馍，手艺是和父亲学的。第一次做花馍，就是和长辈们一起，在炕头上做订婚用的龙凤花馍。他们用辣椒、鸡蛋黄和韭菜汁做颜料，捣出汁，和到面粉里。现在，回想起小时候长辈们教她做的小蝴蝶，谢云仙的脸上还会露出小女孩的自豪。

谢云仙的儿子赵锐特地从外地赶回家，为外公祝寿。赵锐也继承了家里的手艺，结合美

制作花馍

赵锐的面塑作品

术专业所学，成为一名能够独当一面的面塑师。面塑作为一种艺术品，能够长久保存观赏。这次为了外公的生日，赵锐还准备了一个面塑的老寿星。

祝寿花馍

　　整个家族像进行一场花馍美食大赛一样，一家老小拿出看家本领，准备一次缤纷的生日花馍全宴。花馍技艺从谢云仙的父亲谢殿英手中传承而来，如今蕴含着对老人吉祥美好的祝福。八层花馍，寓意老人家八十大寿，谢云仙说，馍蒸得越大、越漂亮，寓意就越好，等到父亲一百岁的时候，她就要做十层花馍，寓意"十全十美"。

　　人类的双手把我这里的特产变成美食，养育了一个个小家庭，乃至发展成整个家族。西红柿、南瓜、芹菜、紫甘蓝，各种食材被切割、打磨，组成了调色盘，是人类厨房的声音和色彩。一穗小麦，在我这里长成，来到人类的餐桌上，化作五彩斑斓的面食，主食已经不仅仅为了饱足肚子，还成为了家族情感的纽带。

谢云仙家的寿宴

粮
之
醇

　　我是田野，人类世代繁衍，也在不断扩大着我的地盘。丰收的粮食被储存起来，让人们有了闲暇，得以庆祝和享受生活。丰盛的佳肴，用来犒劳人类在我身上付出的辛勤劳动，聚会上助兴的白酒，则是人们在我这里找到的另一种味道。

高粱白酒

　　张忠武是山西本地出名的酿酒师，从业已有三十年。他酿酒使用的本地高粱，由于施的都是农家肥，因而籽粒饱满，含淀粉率高，利于出酒。手工酿酒，从发酵到蒸酒，每道工序都靠人工完成。每年9月之后，天气凉爽，好控制温度，正是开始酿酒的好时节。

　　一个古老的传说，在文字出现之前就已经流传开来。黄帝的大臣杜康，把高粱放入枯树的洞内储藏。杜康不知道的是，高粱中的碳水化合物经过多重发酵，会转化成一种神奇的液体，这种液体从树洞中流出，杜康喝了一口，便睡着了。醒来之后，杜康把这液体献给了黄帝，这就是流传至今的白酒。

山西高粱陈醋

　　一个偶然的机会，人类的祖先又发现了酒的兄弟。传说，杜康的儿子不舍得扔掉父亲酿酒剩下的酒糟，就保存在水缸里。到了第21天，他做了一个梦，一个白胡子老人对他说："你酿的东西也成了"。他一觉醒来，发现酒缸里的酒糟，果真发酵成了一种酸甜味的调味品。伴随着微生物的代谢，糖分转化成了酸而微甜的液体，这就是醋。

　　真正的好醋，口感酸、绵、甜、香，光凭肉眼是看不出来的。经验丰富的酿醋师傅，对味道有着敏锐的感知力，用鼻子一闻，就知道这个醋是否酿成了。

　　我是田野，就这样夹杂着各种偶然，你们围绕着我，从主食果腹，到花式呈现，再有了酒和醋等衍生品。"春种一粒粟，秋收万颗子"。人类食用最广泛的田系美食系统逐步完善。如今，人类争夺我的日子早已经过去，那些大大小小的战争留在了历史和坊间的传说中。人们已不需要让所有人在我这里劳作。我的产出，也可以轻松运到千里之外的水泥森林中，那里是人们建设的新家园。

　　我是田野。我提供的食物，让你们在饱足之余亦有乐趣。从我诞生之日起，你们就在用辛勤的劳作，在自然大地间开拓自由之地。那些传说、节庆与诗文，是你们与我的拥抱。你们与我，最初形影不离，现在，一半的人离开我，去城市的世界闯荡。如今，很多小孩子们甚至不知道餐桌上的食物，在我这里原本的模样，而我这个老古董，仍在这里，为70亿人提供着口粮，几千年来，从未改变。

人物采访
邹德鹏

————————

有机水稻种植人

邹德鹏，黑龙江牡丹江人，大学毕业后到北京发展，但始终忘不掉老家黑土地大米的味道。于是，在创业多年之后，邹德鹏回到家乡，开始研究水稻种植。

为什么您会选择在这里种水稻？

邹德鹏：我们看中的是这边大自然的环境和小生态环境，小生态环境是咱们国内特有的。这边没有工业污染。我们上游是镜泊湖和长白山。长白山当年火山喷发形成的火山堰塞湖下面这个石板田，实际上我们这个地下面看着有土，没多深下面就是石板田。矿物质丰富，出了大米就比较好吃，口感好，气温高，有利于水稻生长。

石板田上有腐殖土。非常黑，非常肥沃。万年前火山喷发堵住了牡丹江，形成了镜泊湖，然后又形成了一个玄武岩的地貌。这个石头白天一晒很热的，它吸收热量，又含有很丰富的矿物质。白天火山岩吸收了更多的日光照耀，会热，晚上会散发热量，很利于水稻的生长。上面就是这种非常肥沃的黑土。在上面

大概有 30 ~ 50 厘米吧。有的厚一点，有的薄一点，这个石板一大片。很长的。在唐朝的时候，这里种的水稻就是贡米了，当时这边叫渤海国，渤海国当时是唐朝的附属国。现在这片土地是被保护起来了。

　　有机农业主要看的就是大自然的环境，国际上对有机农业实际上是有定义的，主要就是说不能用人工合成的化学农药和化肥。有机的耕种方法就是说用农肥是最好的，然后在这个无污染的土地上做。无污染的土地上哪找去啊？现在就是说这个世界四大黑土带，黑龙江这一块是就是北半球很重要的一块，就在乌苏里江流域，牡丹江流域，三江平原基本上都是黑土带。我们就在这儿优选了几块地，第一个就选了牡丹江上游流域的这块，就是现在说的响水大米核心产区，我们在江西村有自己的基地，在乌苏里江流域，我们也有自己的基地，旱田、水田也都有，乌苏里江可以说是国内仅有的几条没有污染的江河了，像松花江它都有工业污染，乌苏里江周边没有工业。现在就是农业国家也非常重视，农业污染其实也是一个很重要的一个污染。现在乌苏里江流域就是叫退耕，江边两公里的这个流域叫无人区，不可以种地，不可以居住，保护水资源，因为农业最重要的是土地和水，这两个有污染了，做不出有机农业。

其实做有机农业是一个良心产业，唐朝的布袋和尚，他有一个插秧诗，我觉得这首诗就特别适合有机农业，当年有朋友给我们题了这么一幅字，在我们东北的那个公司挂着呢，叫"手把青秧插满田，低头便见水中天，心地清净方为道，退步原来是向前。"

特别想说说这个后两句，"心地清净"是什么呢？实际上是你内心，你想做出有机农业，靠的是你内心，你不能做假。怎么样能给它做出好的产品呢，实际上是良心，"退步原来是向前"讲的就是，有机农业最早的时候叫"古法农耕"，实际上就是有机农业，就利用自然循环，利用动物的粪便做成的农家肥，然后还原到田地里头，让地力自然生长，不破坏自然生态环境，让生物更有多样性，你产出的农产品才能是现在讲的叫有机农产品，这是最根本的。"古法农耕"实际上是，你看着是退步了，但是能叫大自然可持续发展。要保护大自然，农业才可以持续，不能过度索取。为了高产，用化学的杀虫剂，用化肥，土地将来就不能循环利用了。农药进入到水资源，实际上对人类子孙万代都是有影响的。你破坏了土地的土壤，它不具备长期可持续的发展，你又影响了生物的多样性，这个就不是好的农业。

我们公司现在提出的口号就是"大自然，小生态，大健康，高品质"，那大自然就是我们必须找一个好的生态环境，这个是不可复制的，所以我们选了黑土地，然后我们选了宁安市渤海镇江西村这儿，因为它的小生态叫石板田，这个小生态不可复制。我们找了这样的地方，才能做出健康的，高品质的产品。

怎么样保证健康高品质呢，实际上是有耕种方法，其实是良心嘛，不要用高残留的，咱不说有机，你就只是绿色农业也不能用高残留的农药，还有这种超标的化肥。我们用的是有机肥，我们的小试验田里头，旱田和水田都用人工除草，就是除草剂也不放，化肥也不用，用的都是农肥，有机肥。这样产出的产品，我们有过对比，口感上确实有差异，但是产量上它未必高，我们要的是品质，现在是做的这种状态。

您觉得好农业是什么样的？

邹德鹏：好农业实际上就是说要可持续发展，就是不能向大自然索取更多的，过多的破坏自然环境，只要产量不要质量，它这个影响是长远的，就是水的污染，土地的污染，这个水土的流失，叫不可持续。这个"好"有两方面，一个说产品要好吃，不能光从种植方式上，首先从育种上要选，品种不同，它的口感不一样，然后耕种方式不同，产品的口感也会有差异。但是光要口感，不要健康也不行，还要无农残。农业可持续发展，要靠自然循环，土地要有生物动力。靠化学（产品），叫拔苗助长。当地产量高了，时间长了土地板结了，这个农业就不是好农业，这个产品就不可能是好产品，土地就没有肥力了，全靠化学催，这个是不可以的。

您是怎么理解生态环境对农耕的重要性？

邹德鹏：有机农业实际上是保护了生物多样性，也是保护了生态环境，如果我们注意去看大片的农田里面，想找蚯蚓非常难，因为用除草剂、农药和化肥，蚯蚓基本上已经没有了。有机农业不用这种高残留的杀虫剂，地里头你有没有看到那个灯，它可以捕获虫子。然后还有就是说兼种的，那种小规模的可以做兼种，做人工收割，人工除草，像我们试验田里面就有蚯蚓，蛇也会过来，我们的水稻田里头你会看到青蛙，因为我们不会使用化学产品，这就保护了生物多样性，这样的天地是可持续发展的，可以长久耕种的。

实际上现在市场上对有机农业需求量还是很大的，咱们国家应该是有机农业可能占这个农业的比重只有万分之一二吧。像国外我的印象是 2% 左右，高的可能达到 4%、5%。就是说现在随着生活水平的发展，和收入的提高，在这个有机农产品市场需求还是挺大的，但是咱们国内，就是说绿色也好，说有机也好，有很多老百姓不信，所以我们自己建的基地，这样对于农民来说，这个有机的产品的价格肯定是比传统的这种大田的产品要卖的高，但是有很多人他是有这种需求的。

对于农民来说，产量可能会降低，但是因为价格高，并不影响农民自己的收入，所以这是三方有利的，经销者也有利，农民有利，对消费者有利，因为消费者获得了高品质的健康产品。所以这个市场未来应该是会越做越大，人们对健康的需求会越来越高，现在讲"民以食为天"，"食以安为先"，不能说为了让这个东西高产，或者说是为了卖高价，以次充好，早晚是会被市场淘汰的。有机农业要的是良心产品。

回老家来种大米的初衷是什么？

邹德鹏：一开始的这个初衷就是我们想回忆小时候的味道，几个朋友去了我们当地这个农家，吃了当地的小产区的这种产品，就回忆起小时候的味道。包括哪个地方豆腐好，那豆腐好是什么原因呢，水好，然后豆子本身好，它做出来的豆腐才好吃。东北的酱为什么好，东北的大豆好，各个产区的它也不同，再就是水资源，农业最重要的是离不开土地和水，这样才能做出好产品。我们就觉得东北这个米能吃到小时候的味道，然后一帮同学就在一起说我们也搞一块地自己种地得了，然后就开始做起农业来了。我们就成立了这么一个农业公司。

再就是现在人关注健康。癌症这么高发，这个癌症的诱因，现在有人在做这方面的统计，实际上是跟化学工业的发展有直接的关系。微乎其微的影响它可能没有量化，但是它呈增长趋势，这个增长趋势的来源，就是化学制剂对人体的影响。我们现在就是想让这个农产品不使用化学制剂，用农肥，生物除虫，或者说物理除虫，产出健康的产品。

　　然后是为我们的孩子，因为自己家也有孩子。能吃到一些放心的产品，这也是其中一个最小的想法，往大了说就是说将来的孩子们都能吃到健康的产品，我们将来做婴儿食品啊，做母婴食品啊，不能用大地的产品去做，因为有农残，那个影响可能是未来才能看见的，现在看不见。

　　所以说我们要做这个产品，考虑的一是自己要吃得好，朋友吃得好，还有就是母婴，祖国的未来，要吃到好的产品，这样才能健康，人们的身体素质好了，这个国家才能强盛。就像习总书记说的，绿水青山是金山银山，冰天雪地也是金山银山。这个讲的就是黑龙江，黑龙江这个青山绿水怎么来啊，必须保护生态环境，农业该做让步的时候你得做让步，只有农业可持续发展，绿水青山才能常在嘛。

田野
居民说

林志红 农场退休职工

现在也是靠天吃饭，你这儿没法灌溉，一般的年头还行。

全成万 黑龙江江西村村长

大米是我们的主食，我们就拿大米做很多不同的东西，我们把大米发酵做米酒，还有发糕，还有很多种。大米必须得水好，还有土壤好才能产出好大米。

刘福莲 河南村民

年年下去跟他们一起做（花馍），有时候我就说，我现在我还跟你们一起弄，你们不学，我能一直跟着你们么？

生命在田野里成长

李静思

导演

田野可以说是《万物滋养》系列里面最人工化的一个自然景观，它的存在关乎人类发展和演进的过程。就像片中所说，直至今天，城市生活扩张，在田地耕作生活的农村人口越来越少，但是人类依然在依靠田野的口粮保证生存的基础，这是一切开始的前提。

在编辑故事的过程中，我们重点关注更古老、更传统的耕作方式，还有回归到这种生存状态的人们对于生活乐趣的探索和经营。比如节日的庆典，传统的面食发酵，老夫妻之间的日常斗嘴，花馍世家的家族故事，酒和醋的发明缘起等。田野作为"我"的角色，让人类获得饱足之余，也见证了人类在进化过程中绽放的生命力和智慧之光。

在河南的村子里拍摄赶驴拉磨的镜头时，其实村子里日常已经使用电磨，为了这次拍摄，杨大爷家的驴真的是"赶鸭子上架"。拍摄的时候，这头驴正怀着身孕，经过了片子后期几个月的时间，她现在应该早已经生下了小宝宝。

村子在偏远的山区里，村子里的人，对于我们的拍摄表示既好奇又友好。杨

张林大爷因为被拍摄，也成了村子里的明星，至少他自己是这么感觉的。我们去临近村子借景，杨大爷逢人便说，"我们在拍电视呢。" 到后来，我们在村子拍空镜头或调灯、调机器的时间里，大爷也不吃饭，拉着驴在旁边认真地看。大妈就会在远处喊："都吃饭了！"

　　纪录片在网络平台播出了，但是杨大爷家没有网络，有点遗憾他不能在家里的电视上看到自己，不然又可以在村子里风光一下。不过为了看到节目，他可以再一次坐着公交车下山，同儿子一家团聚。

其实,在大家的概念里,中原地区,或者是说田野中没有太好吃的东西。当然,对比今日餐桌上的山珍海味的确如此,田野中的食物来得更朴实,更为了饱足。但是,在我们拍摄的过程,我却体会到了一次这种"饱足"带来的快感。当时在河南杨张林夫妇家已经拍到将近晚上八九点钟,成功错过了饭点。深山里,要找一家吃饭的地方,都没有方向。大爷大妈说一起吃点吧,随便吃点。我们就说好,随便吃点。

大爷大妈在深山里的生活物质并不丰富,做了一大锅面条,里面只有一些少量的鸡蛋和依稀的一些菜。饥肠辘辘工作了一天,又饿又冷,看着锅里有些担心吃不过瘾。

但是当热腾腾的面条盛上来,送到嘴里一口,我们都很惊讶,感觉到这个面条意外的好吃。鸡蛋味道浓郁,青菜新鲜,面条本身就透出一口香气。现在回想起来,那个味道略微有些遥远和不可描述,但又回味无穷。它和我们日常评价为"好吃"的那种口感特别不一样,在城市里也不知道到哪里找得到,可能只有在我们重回田野的时候吧。

记录人与土地的相处

彭呈熙

———————

导演

中国的农业在几世纪之前就已经能够支撑起高密度的人口了，并且自古以来就有实施豆科植物与多种其他植物轮作的方式来保持土壤的肥沃。几乎每一寸土地都被用来种植作物以提供食物、燃料和织物。生物体的排泄物、燃料燃烧之后的灰烬都会回到土壤里，成为最有效的肥料。

使用化肥貌似也从来都不是中国农民保持土壤肥力的方法，从耕作方法和农耕器具可以发现，这个世界上最古老民族的农民们在长期的人口资源压力下逐渐形成的实践经验构成了现有的农耕体系，4000年的演化，在这块土地上仍然能够产出充足的食物，养活如此众多的人口。

中国东北地区的地理位置适宜种植水稻，开凿水渠对于水稻起了重要的作用，将地表水快速引入农田进行灌溉；而镜泊湖两百年前的一次火山喷发，将腐殖土带进了附近的河流，当地的农民将这些天然肥料搬运到村庄里，不仅使得东北地区生产的大米口感好，还使得这里的土壤肥力变得充足。早年间，人们就发现，根部有较为低级的生物体寄存的豆科植物对维持土壤中的氮素起了很大的作

用，它们从空气中吸取氮，腐烂之后让氮重新回到空气中，长期的耕种让这里的农民掌握了这项技术，驯化和利用豆科作物保持土壤的肥沃，割下来的杂草也不会被浪费，农民们将杂草翻种进地里，发酵后变成天然肥料，正是这样的农耕活动让中国的农业变成了可持续性农业。

正片中，东北858农场职工林志红说过一句话："大豆开花，垄沟里摸虾，这地方没法灌溉"，这并不是空穴来风。东北三省的轮廓像一只大靴子，辽河平原和松花江平原的核心部分，是东北三省最大的平原，两个平原土层深厚、土壤肥沃，因此东北地区的农业主要分布在这些平原以及一些小河的河口，这里的农田到处都是人工设计的垄沟，而且都处于同一水平位置，这种做法似乎对充分利用前期降水很有帮助，如果后期降水是以骤雨的形式降下，那么这种做法也能充分地利用这些降水，深沟窄垄，能让大雨立即蓄积到沟底，不会漫过地垄。垄沟底部的土壤在充分湿润之后，有助于水分的横向渗透，同时也有助于将可溶解养料带入地下。在雨水骤降的时候，每条垄沟就像一个大水库，不仅能减缓雨水的冲刷，还能加速渗透，让田垄不至于被冲刷出水坑，因此能让沟里的水下降时土壤中的空气及时逸出，而且垄的设计一般都在61~71厘米之间，这样可以减少浪费，这是生活在这里的农民们总结出的经验。

关于吃，东北人最擅长做跟大豆有关的菜品，这是东北文化中不能忽略的饮

食文化，大豆即可烧饭、煮粥、裹蒸为主食，也可作为菜肴副食。同时大豆还可制成酱，酱油、豆腐、豆浆等各种美食，在东北，有酱加一切的说法。在田里干活，用生菜叶裹着大酱和米饭，这样的饭包吃上三个就能饱，再喝上一杯大米酿的米酒，顿时乏倦消失。而炖菜也是东北人主要烹饪的形式，据说炖菜简单而且快速，能节省时间，固定的农耕方式养成了当地人的饮食习惯。

而在山西，却是另一番景象，但这里的人们依然有方法跟自然与土地和平相处。由于气候原因，土地土质原因还有缺水干旱，在缺乏地表灌溉水的地区，人们普遍选择小米、高粱这种成熟周期短、抗旱、允许中耕的作物。几个世纪

小米粥

杂粮馍馍

莜面卷卷

手擀面

之前，生活在这片土地上的人们便采取了护根保持土壤水分的做法，小米在炎炎夏日下茁壮成长，在干旱季节顽强生长，在大雨时节蓬勃生长。农民用他们的聪明才智将灌溉和旱作农业结合在一起，通过这种方式，养活了如此高密度的人口。

其实在北方地区，将谷子和高粱作为主要作物和在南方将水稻作为主要作物一样，都是十分明智的选择，而且意义深远。这两种作物对于养活中国庞大的人口至关重要，营养方面，它们和小麦旗鼓相当，其粗大的秸秆也被广泛用作燃料和牲畜的饲料。在山西，高粱是人和牲畜的主食，其食用方法最为简单：先用清水洗高粱，然后再将清洗之后的高粱倒入 4 倍的水中，煮一个小时即可，不需要加盐，和吃米饭一样，就着炒菜或者咸菜吃。这个画面在正片开始那位 90 岁的老太太张翠兰的记忆里，是养活一家 5 口人最直接的方法，此外还有一些作物，例如小麦、玉米、荞麦等，但这些仅仅作为调剂食谱，换换口味。

导演看田野

————————

如果说，在森林，在草原，在河流湖泊其他地方，自然对于人类是母亲，是所依赖和从属的状态的话，那么田野和人类则是合作关系。

人类改变了自然，创造了新的自然形态。田野，其实狭义地所指农田的集合，但慢慢地，它的存在让人想到了一种生活方式，不同于草原上的游走，融于自然的存在本身。日出而作，日落而息，成了人类在田野的生活节奏。它让人们定居下来，规律地生活，逐渐地繁衍生息。人类也因为在田野生活而带来的安定与安全感，开始从一群人相互支持的集体生活方式，演变成一个个家庭，一个家，丈夫和妻子。人们的情感世界能够向内在做更多地探索，也在向外做更多的表达。夫妻关系除了维系着生活，还作为生活本身重要的乐趣而存在。这一点在田野这集的河南老夫妻身上就可以感受得到，他们共同生产劳作时候的拌嘴，默契，成为"床头吵床尾和"的示范。其实，在今天城市里能够延续下来的夫妻，也多是这种基因的受益者。

徐栋梁今年 81 岁，是这条江边年纪最老的渔民，有着清亮的眼神和明晰的肌肉线条，还有渔民标志性的黝黑皮肤。他的祖父和父亲都曾是渔民，从他 16 岁起，我就看着他在我这里捕鱼了。不过那时候，他在我这里找到的鱼比现在要多些。

我是江湖，在我蜿蜒曲折的身体里，饱含鱼、虾、蟹与水生植物。几万年以前，人们就在我身边，创造出充满江湖烟火气息的河系料理。

观看高清视频

"渔船上的鱼好吃在哪里呢？一路烧就一路吃，一路上锅里噼里啪啦在响。"

江湖的野味

江
边
的
豪
侠

很多时候，我像一条长蛇，在山岭与平原间，寻找前往大海的路径。亲历过这种风景的诗人有了"大江东去"的感叹。随着路径的变化，我被区分为上游、中游和下游。早在石器时代，人们就来到这里捕捞江鱼，到后来，为了随时可以吃到新鲜的鱼，三千多年前，人们又学会了挖池塘养鱼。重庆江津的贾嗣镇集市，集中呈现了我在上游地区对人类提供的滋养，最重要的就是各式各样的江鱼。

长江水系

重庆江津地区是地球上少数富含大量硒元素的区域之一。土壤中丰富的硒元素为鱼类提供了优越的生长环境。

在蒸腾作用下，硒元素融入空气中的水汽中，水分上升凝结，形成降雨，再滴落到我的身体里。土壤中的硒元素也会随着雨水流向我。吸收了大量硒元素的鱼儿，被称为富硒鱼。要想鱼类健康成长，得格外费心照顾我的体质，因为，人类任何的生产与生活都可能对我造成污染。

重庆江津，贾嗣镇集市。

向水中泼撒生石灰净化水质

　　近几十年来，由于生态变迁和人类的过度捕捞，我能提供的野生江鱼越来越少。因而，人们规划了禁渔期，为的是让我休养生息。为了满足供给，养殖鱼成为主要替代方案。有经验的渔民知道，挖塘养鱼，土壤甚至比水源还要重要。首先要选酸性土壤，然后引入天然水或是河水。

　　人们总结出养殖江鱼的经验，极力模仿我提供的生态环境，试图在一方鱼塘中实现多种鱼类的共生。将鱼儿分为上中下层混养。上层鲢鱼专吃浮游生物，中层草鱼投喂饲料，底层留给鲤鱼和鲫鱼，清理余下的饲料。如此，既给了各自足够的生活空间，又有了清道夫维持水质卫生。一切就绪，两三年之后，便是鱼苗成熟的时候。同时，人们也在尝试鱼菜共生：将空心菜插入水中，和鱼共养，净化水质的同时，也为鱼类提供营养。

象草，草鱼的饲料

泼撒到水中的黄豆饲料

长成的养殖鱼

下网捞鱼

　　我身边的城市，虽然常年多雾潮湿，但是这里的人们，却发展出豪放不拘小节的人间江湖，有时候被称为"重口味"。比如重庆，这个码头城市，人们承认这里的物产比不上海鱼丰富，但是"江里面什么东西都敢捞来吃"，并且为这种粗犷的美食冠上一个豪气的名字——江湖菜。

　　虽然我不太喜欢任何食材，都被疯狂地撒上一把辣椒与花椒，但火热的辣与厚重的油，的确是"江湖菜系"祛除湿气与抵御寒凉的传统手段。另一方面，新一辈的美食家也在摸索对付潮湿的新方法，很有可能写出河系料理的新篇章。

　　鱼肉用盐、白兰地和水去腥杀菌后，放在 0~5℃的冰箱里腌制半小时。之后在表面均匀涂抹咖喱粉、干葱和香茅。包裹一层芭蕉叶，放入烤箱烤制后，用茶叶熏出的烟雾烟熏，融合茶香和芭蕉叶的清香。最后，用喷火枪在鱼的表皮烧出一层脆膜，新式香料烤鱼就可以上桌了。

　　在享受了江鱼的滋养之后，这个上游的城市江湖，进入夜的喧嚣。而我的水流，亿万年来始终不舍昼夜，往海的方向奔流。

新式香料烤鱼

湖
心
的
滋
补

　　"月黑见渔灯，孤光一点萤。微微风簇浪，散作满河星"。从古代浩瀚的
云梦大泽，到几世纪前才成形的鄱阳湖，乃至更下游的太湖、洪泽湖，都是这
般场景。我看着人们在船上学习，在船上劳动，在船上用餐，在船上就寝，船
即是家，家即是船。

资料图片

　　凌晨两点钟，毛细文师傅和他的妻子已经穿戴整齐上船。他们即将开始一趟迎向朝阳的上工路程，需要两个钟头。除了船上配有柴油引擎之外，凌晨赶路的毛师傅，跟千百年来在船上依水而居的祖先们并没有太大区别。

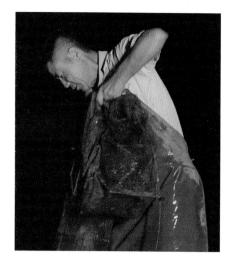
鄱阳湖支流的捕虾人

　　此刻东方已白，毛师傅和他的妻子，也来到支流进入鄱阳湖的地方，准备下网。这里生活着一群不喜欢光明的黑暗忍者，阳光升起时，它们蛰伏在水底阴暗处——水草中、石缝里或是船沿下，一入夜，便成群结队进入惹事精模式，吃喝玩乐，打架狂欢。对这群在黑暗中的小生物，毛师傅可是摸透它们的脾气。

青虾

　　春季的时候，挨近岸边的台阶清爽透气，在那里下网，会捕到很多青虾。然而，就连最有经验的捕虾人也很难完全预料得准，有时候，一趟能捕一百来斤，有时候，收获少到连出摊卖虾都不够。

　　青虾乍看不起眼，却是这片湖区最受欢迎的水产。虾肉中富含磷、钙、镁，对心脏活动具有重要的调节作用。青虾体内，每百克食用部分，含蛋白质16.4克，是我这里丰富的蛋白质来源，对成长中的年轻灵长类动物来说，最有好处。

爆炒青虾

毛师傅看着岸上的儿子

　　把新鲜的青虾卖给收虾的商贩之后，毛师傅可以有一段与家人相处的时光。他要在船上做饭，给那个一直往岸上跑的儿子吃。鄱阳湖里捞起来的青虾，本身就很干净，清水冲洗一下，就可以下锅了。高温爆炒，直截了当，充分体现了河系料理的本色。这里的人说"虾子无肠，见火就尝"，就是说，青虾一下锅，马上就可以起锅吃了。

　　其实，毛师傅曾经像大多数渔民一样，开上半天船，深入湖中去捕鱼。但是，这样的工作形式路途遥远，占据了他全部的时间。后来，为了多陪伴家人，特别是陪伴准备高考的儿子，他决定改变长年的作息，因而也改变了捕捞对象。即将读高三的小波住在学校附近的出租屋，每天回家吃饭，这也成了父子俩短暂的相处时间。小波不爱吃青虾，在米饭上浇了些汤汁便端出去了。

　　在这个时代，越来越多船家和他们的下一辈，选择上岸。这是社会变迁的结果，看着这家人即将离去的背影，我不知道，以后是否会因此孤单寂寞。或许将来，经过几年的生态恢复，我变得更加健康，鱼虾产物再度丰富，也许那时，我会看到船家带着下一代，再度归来。

儿媳妇在照顾涂水莲吃饭

涂水莲今年102岁，年轻时是个可爱又勤劳的姑娘，靠编织捕捞银鱼的麻线网，支撑起了一个家。捕上来的好鱼要留着卖钱，她自己只吃便宜的鱼。虽然现在老人家每日饮食以蔬菜为主，但她仍记得，曾经将自己舍不得吃的银鱼，留给儿媳妇调理身体。现在，是儿媳在照顾她的生活。

在中国的江西上饶，我的中游流域，流传着"一条银鱼补七天"的说法。银鱼虽然身体娇小，只有10厘米长，但是优质营养完全弥补了体型上的缺憾。鱼体中含有的必需氨基酸比例，占氨基酸总比例的40%。这些都是人体因不能自身合成，而需要从大自然中摄取的必需氨基酸。

野生银鱼珍贵而稀少，银鱼泡蛋是当地最有名的一道传统滋补菜，蛋液和银鱼在水的蒸腾中，不断交换融合彼此的风味。小孩子磕碰受伤，女人生孩子之前和月子里，都会喝一碗银鱼泡蛋，滋补身体。它虽然不属于高颜值美食，人们对这道菜的热情却从未减少。野生银鱼不仅稀少，而且十分难捕到，一定要在特殊的天气，才有机会和它们在我这里偶遇。

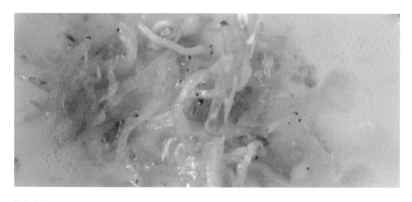

银鱼泡蛋

我是江湖，许多人类的文学作品中，行走江湖的侠士总是独身一人，但真正在我这里穿梭的渔民，多数都有同行的伙伴。张明凤今年55岁，从18岁就开始捕鱼，从他的曾祖父开始，四代人都在这里捕银鱼。对于他来说，捕鱼已经成了生活的一部分。出发前，张明凤和祖先一样祭拜水神，燃放鞭炮，祈求平安归来。

祭拜水神

老张的这艘挂耳船年纪跟他一样大，是他从父亲那里继承下来的。能让这几位老男人情愿如此漂泊的，大概也只有银鱼了。这些来无影去无踪的小家伙，长得不过人类一根手指长，除了黑色的眼睛以外，全身透明。像其他小鱼一样，白天他们为了躲避敌人东躲西藏，甚至潜到水底，当光线渐弱，它们才若隐若现。如果是缺乏经验的渔夫，恐怕不容易发现它们，但是老张有一套祖传秘密武器——网眼只有7毫米的渔网，这是以前百多岁的老人传下来的。

老张的挂耳船

　　一网下去，一共捕了三条。老张记得，30 年前开始，银鱼便开始减少了。以前一天能有几百斤，现在每年只有几百斤。老张一行人今天下了好几网，只捕到了几十条银鱼。有时我也觉得他们可怜，辛苦了半日，收获寥寥。但看起来，捕到更多的杂鱼加上饱餐一顿，过程的乐趣似乎远大于结果。老张喜欢在鄱阳湖捕鱼，他觉得捕鱼有意思。"这个水有往上，有往下，有一点快，这个银鱼待在这里。"这是老张的经验。

捕上的银鱼　　　　　　　　　　　　　　　　已经晒干的银鱼

　　我这里的野生银鱼，和养殖银鱼的确有区别，养殖银鱼的尾巴会有些黑，而野生银鱼则是通体透明。老张午餐的同时，船尾突出的两只耳朵，正在发挥作用。刚被捕获的银鱼必须马上晒干。

　　野生银鱼出水后，会在 5~10 分钟内死亡。此刻，正是细菌抢先占领地盘的时机。新鲜银鱼含水量约 80%，但是当含水量低于 25% 时，细菌便无法增长，含水量低于 15% 时，霉菌也无法生长。此外，晾晒还能破坏细胞结构，促进酵素的作用，将风味分子锁在银鱼体内。人类为了保住这份鲜美，不惜大费周章地晒干水分，等到料理时再次浸泡，补回水分。在我看来，也真是折腾。

　　不远处，还有一群吵闹的渔夫帮手，它们都是游泳和捕鱼高手。虽然渔民曾经称呼它们为乌鬼、鹈獭、小尉，而最终，人们将它们命名为"鸬鹚"。鸬鹚捕鱼，一直以来都是余干内河渔民主要的捕鱼方式之一，到如今已有几千年的历史。

　　鸬鹚是天生的游泳健将，它的潜水深度一般在1~3米，最深可达十多米，潜水时间可长达70秒。鸬鹚又是极其顽固的捕手，为了追捕猎物，常常不惜离家出走。63岁的邹正水还记得祖父讲过的故事，我也记得，那只鸬鹚追着一条八十多斤的鱼，足有三天三夜，第四天将猎物带回给了主人。

　　鸬鹚喜欢团队合作，如果遇到大鱼，几只鸬鹚会一起用嘴插进鱼鳃中，把鱼举起来。渔民们训练它们，其实主要还是靠老鸬鹚带小鸬鹚，"传帮带"的路数，本就是它们天然的培养方式。鸬鹚也有天生基因优越和后天努力之分。带头的鸬鹚都是厉害的，抓鱼多的，本领差些的，就跟着"老大"抓鱼。但是，总有些调皮捣蛋，耍赖偷懒的家伙。渔民对此表示理解，因为人类也是如此。对于这一类后进生，渔民们也很有耐心，他们会慢慢培训，即使要花上更多的时间。

　　一只优秀的鸬鹚，一天可捕鱼 30 斤以上。若是鱼源丰富，有过 70 斤的最佳纪录。这样的战果，和渔网捕鱼不相上下。近几年，因为生态复育的要求，曾经湖面上热闹的鸬鹚人家，也只剩下这片区域还可以合法地存在。

　　我的流水不停向东，渔翁从孩童变成了老人，曾经初出茅庐的鸬鹚也在衰老。刚买来的鸬鹚比小鸡大不了多少，养两三年才会下水。经过渔人的驯化，三四岁后成熟，可以和主人家熟练配合，一直到十四五岁老去。上了年纪的鸬鹚需要放掉，渔民心中虽然不舍，却还是要尊重这片水域的万物规则。

河口的回溯

有离去就会有新生。顺着地势一路向东，在这个下游地带，我变得极其开阔，因为我即将奔向大海。上海崇明岛附近，是我与海洋的交界处，淡水与咸水交混在一起，对许多生物来说，这里是绝佳的生养环境。

上海崇明岛，长江入海口

　　这群十只脚的好朋友，在河海交界处出生，然后逆流而上，找一处淡水湖泊，安居成家，到了快要哺育新生命的时候，才又回到这里待产。它们的脚上自带显眼的绒毛，有个响当当的学名——中华绒螯蟹。而在当地，"老毛蟹"的昵称，表示这里的人对它极为熟悉。

中华绒螯蟹

　　每年，当秋风吹起号角，成年的毛蟹就纷纷从淡水湖出走，回到我的出海口，准备结婚生子。隔年夏天，小毛蟹们开始往上游走，一路走，一路脱壳，一路长大，大约要花半年时间，才能回到淡水湖。直到它们成年，一生中可以脱18次壳。这是在我的下游地带，最生动的生命仪式。

扫码看动画

　　生活在我身边的人们，面向宽阔的海洋，似乎也获得这种细腻仪式感的滋养，开拓进取，而不是抱着一个壳儿，过一辈子。

顾忆餐厅的黄酒醉蟹

几年前，原本在国外工作的顾忆"像毛蟹一样"，回到自己出生的地方。在这里，他经营起一家餐厅，延续我让他魂牵梦萦的味道。上海给他的启示是，不管你的生活环境如何，总要给自己营造一些仪式感。小时候，他的外公外婆每顿早餐都会有 6~8 个小菜，哪怕是半块豆腐乳，也会切得好好的。

醉蟹在传统做法里面，其实是生的腌蟹，然后用黄酒来醉。通过与客人的交流，顾忆发现，很多客人，尤其是女性和儿童并不喜欢生的食品。于是，他将传统的醉蟹改良成了熟醉的方式，最终获得了客人的好评。二两到二两半的毛蟹，用淡盐水浸泡过后，放在 5 年以上的绍兴黄酒中浸泡 24 小时，待酒精挥发，达到刚刚好的程度，再将准备好的葱、姜、黄糖、青梅、草果等辅料加入锅中，一同加热，熬至黄糖完全融化，放凉后，就可以上桌了。

顾忆希望他的餐厅能给客人带来温暖，那是一种我的下游地带独有的，有节制的温暖。在他看来，生活的选择已经太多了，自己的餐厅也许只有 10 道菜，但是每一道都要做得好吃。

　　我是江湖。从上游到中游，再到下游，从江边到湖心，再到大海，我奔流数千公里。沿路提供的食材，曾经滋养了历代王朝与数千年的文明。今天，我并不确信，自己是否还能继续提供各种选择，滋养你们的每日三餐，但我希望，能够恢复滋养万物的能力。到那时，或许我可以再度同你们携手，在烈火与清汤间，在浓烈与恬淡之间，走出一条面向未来的河系美食路径。

人物采访

涂江波

富硒鱼养殖人

涂江波，1960 年生，现在贾嗣镇农业中心负责农业技术推广。1983 年开始水产工作，任区水产技术员，一直到 2000 年。主要是对水产技术进行推广，指导水产养殖户发展稻田养鱼，池塘养鱼水库养鱼，鱼苗培育等。20 世纪九十年代开始自己办鱼塘，现在主要从事富硒鱼养殖。

给我们讲讲养鱼的一些经验吧。

涂江波：水源的选择就是上游没有工厂，没有养殖场，没有污染的水源，这就是选择的第一个目标。第二个就是选择土壤，土壤要选择。第三就是在技术我们有个特殊要求，不向水里面投放化肥，不投放有机肥，不投放有毒有害的禁用的农药。还有就是在饲料方面，不用添加剂，特别是喹乙醇不能用，它是一种生长激素。药物方面禁用的是孔雀 16。这都是我们国家规定的，这就是技术要求。还有就是避孕药不能喂。

再有就是鱼种。一定要考察它是不是近亲交配的鱼种，近亲交配一个是病

涂江波的鱼塘

症大，二是长势慢，还有就是畸形多。就是要生长优秀，又不是近亲交配的，有些是杂交的，像鲫鱼的话也是杂交种。近亲交配我们看不出来，我们要通过推广职能部门，重庆市技术推广站。他们是权威机构。他们选了之后，进行培植。

饲料上我们坚持这么一个观点。就是要正规的饲料厂，要证件齐全，外面就是我们收的原材料，就是麦子谷子，它用了什么药物，用了什么肥料，我们都要进行追问，追寻。

最关键的一个技术，我们叫底排污系统，就是放底水，做一个过滤系统，把底层水就排出来，去除腥臭味。还有自动增压系统。水体里面的氯化氢、二氧化碳、沼气，都是不利于鱼生长的气体，把这些（气体）进行释放，水体的腥味它又减轻了。这两个就是把这个腥味和水质处理好了，鱼翻腔的概率也少了，鱼的腥味也减少了，在养殖上目前来讲是相当重要的。

鱼类混养模式是怎样的？

涂江波：我们是按照重庆市的推广模式，就是 80% 的澈水鱼，20% 的辅鱼。打比方说我要以鲫鱼为主，就是 100 条鱼里我养 80 条鲫鱼。辅鱼就是花鲢、白鲢，这些都是属于辅鱼类的。

比方说以草鱼为主，鲫鱼就是少量的，比如说一亩地，有两百个放在底层，它属于底层的清洁工。里面的杂质或者残渣、剩饵都是鲫鱼来吃。从放养的密度来讲的话，按照水深和面积来计算，比方一亩地就是两千尾。存活下来有一千八、一千七，它始终都有损耗。

混养是由于鱼的活动层次不同、白鲢、花鲢属于中上层的鱼类，就是上层鱼。其实草鱼属于中层或中上层，鲤鱼、鲫鱼属于底层鱼类。它的分层不同，饵料的利用空间和起食的空间就不一样。现在养殖提法是什么？就是主养鱼是哪个，搭配鱼是哪个，在以前的这种养殖模式上有一定的改进。以前的办法是什么呢？上下低层鱼都在放，比例好像或多或少相差不大，比如说草鱼要产一千斤，鲫鱼也可以产一千斤，花白鲢可以五六百斤。分层饲养和混养的比例，还有放养的量，在技术上我们是这样处理的。

池子里面还可以种其他植物吗？

涂江波：可以种藤菜，今年我们种了藤菜，有几块稍微好点，下个月气温低了之后就会长得很茂盛，现在有几块就长得很好。还可以种水稻、丝瓜、苦瓜。丝瓜、苦瓜要提前吊起来，它的根须进入水体，吸收养分。水稻也是一样的。

水草能够提供绿叶素，还可以促进鱼的生长。草鱼本身就是吃草能够生长。草鱼的草食性相当普通，凡是绿色的草，除了山上这些树叶不吃，很多草都吃。

很多树叶，像苟叶，就是我们这里很多那种苟叶树，它也喜欢吃，毛叶的叶片，草鱼是最喜欢吃的。

花白鲢等配套鱼类是为了净水吗？

涂江波：其他鱼类排出的粪便产生肥水，会产生大量的浮游生物，就是花白鲢的食物，一般鱼类吃不到，只有花鲢、白鲢这类鱼可以。还有一种就是他们谈的胭脂鱼，胭脂鱼也是与花白鲢类似的一种鱼，它在肥水里面比较适应，等于说它们有净水的功能。

你看很多大型的水库和饮用水工程为什么它要放花白鲢？以前有些用漂白粉，有些说用敌百虫，有些说硫酸铜，用大量的药物，有些说用石灰，结果达不到目的。后来我们水产界的一个专家提出建议，湖北要净化水质，最大、最好的生物是什么？用生物来净化就是鱼类，就是花白鲢，通过放花白鲢对湖北的水库进行净化处理，水质就清澈。就是利用花白鲢达到净化水质的目的。

我们这个池塘养鱼也就是按照这种模式，所以花白鲢在随便哪个时候都不能够淘汰，不管你养好好的鱼，就是很高级的鱼类，就是岩原鲤、清波、中华倒刺鲃等，都离不开花白鲢。大量的配套鱼类，那20%的鱼类，主要是花白鲢。

鲤鱼和鲫鱼属于低层鱼类，就是其他鱼吃下的残渣、剩饵。它在里面就进行

了清扫。特别是鲤鱼，在泥巴里面的水蚯蚓，它可以抄起来之后，全部处理干净，鲫鱼就有那个功能。

养殖江鱼如何保证它的品质，不破坏它的自然性？

涂江波：这个主要是要处理好水质，就是要控制饲料，不要过于追求产量。如果是要达到那个口感的话，亩产一般就在八百斤到一千斤。水要保持清澈，清澈，处理水质，排污，搞底排风系统，还有用一些生态的光和细菌泼洒之后，还有用石灰、用漂白粉进行水质处理，杀菌消毒。处理之后它就相似于江鱼自然的生长环境，但是也不可能完全达到，完全达到的话就是野生鱼了。像我们这种做法，可能在它的口感上达到野生鱼的50%。

石灰粉消毒杀菌，改良水质，调解酸碱度。如果不撒石灰，它的酸碱度可能就要低于 6.5 或者 5.5 以下。养鱼的水质，最佳 pH 标准是 7.5~8.5，要达到这个要求，我们的实践经验总结出来，最好就是用就是生石灰，帮水体里面产生强碱。

杀虫的药一个是油桉，还有苦楝树拿来熬水，熬成水之后全池泼洒，能够杀虫。这个很麻烦，但是它是属于这种生物的办法，不属于化学药品，对鱼和人体没有副作用。对付肠炎，一个是大蒜，还有一个就是石菖蒲，主要是喂草鱼，治肠炎病。

公鱼、母鱼是如何区分的?

涂江波:公鱼,摸前面那个滑鳃,有粗糙感,摸起很粗,有点割手。草鱼、白鲢、花鲢都是如此。雌鱼摸起来是光滑的,雌鱼的这个滑鳃是尖的,它不是圆形的,是尖的,是光滑的。如果是内行,翻开就看得到,就是翻转,把肚皮翻开一看,它那个滑鳃有长,它是长形的就是雄鱼,就是公仔。好,母仔就是它的滑鳃,前面滑水那个滑鳃子它是圆形的,就是母鱼。黄辣丁的雌雄不好区分,鲤鱼、鲫鱼都是一样的方法。

您平时吃鱼多吗?

涂江波:我们经常吃鱼,有客人来的话反正都谈吃鱼。我们一家人都喜欢吃鱼。

我们一般喜欢吃两种鱼,两种煮法,一个是酸菜鱼,还有一个是水煮鱼,就是这两种,酸菜就是我们自己做的那种酸菜,煮来很好吃。

昨天吃的凉拌鱼,是我爱人自己创造的。把鱼剖开之后用盐腌,腌了之后用清水煮,煮了之后把它沥起来,然后再炒佐料,炒了之后再倒在上面,又不费油,又不油腻,又很清爽。佐料一是美人椒,二是山海椒,还有一个可以用泡海椒,有大蒜,有花椒,有盐,就是这些,适当放点白糖。

江湖
居民说

徐栋梁 第四代渔民

　　渔船上的鱼好吃在哪里呢？那一路烧，一路吃，一路上锅里噼啪啦地在弄，那个高温一蒸下去，这个鱼就越入油盐，就吃起来就又有油味又有盐味，好吃。

毛细文 捕虾人

　　那肯定是不希望他（指儿子）做打渔这个生涯了，种田也不会希望他去种。不过这个想法也是不好的，那如果每个人都不去种田打渔，那怎么办呢？

顾忆 餐厅老板

　　我觉得现在的人尤其面对更多东西的时候，选择是有障碍的，倒不如我跟你说，我这里只有10个菜，但是每一个菜都好吃就好了。做减法，别给大家那么多选择，生活的选择已经太多了。

节 制 而 有 温 度 的 江 湖

马婉婷

———————

导演

　　江湖这一集，没有大海征程中的波澜壮阔，唯有江河湖泊中最渺小、最不起眼的生物。虽然不起眼，但在它们生活的区域，它们的生物链中，却占据着不可取代的地位。这一季的江湖，要讲的就是这一类生命的故事。

　　确定用长江来讲述江湖之后，更多的难题随之而来。长江如此之长、支流如此之广，水系复杂，生物圈繁多，如何在短短的几十分钟内讲清楚长江与人的关系？几番讨论后，我们选取了长江最有代表性的三个地区：上游的重庆，中游的鄱阳湖，下游的长江入海口崇明岛。我们试图通过这些地区的水生物和人之间的故事，从以下层面入手，展现出这里的物产与饮食文化的关系。

　　第一层，鱼的时间。受自然和自身各因素的综合影响，鱼的活动时间尤其固定和严格。它们既对江湖的变化尤为敏感，又反过来规定了人类的活动时间。

　　第二层，人的时间。这个概念在青虾的故事中体现得最多。因为青虾的趋光性，只在夜晚月亮高升时，才频繁活动。人如果要捕捞青虾，就需要配合他们的时间。

第三层，也是最有野心的一层，"江湖的节气"。这个概念在几个故事中都有体现，比如说，就连养殖鱼也要模拟江湖的节气来，水的咸淡、制造水流、漩涡，这些都是人们在长久以来，掌握了一定的江湖习性后总结出来，用在生产中的。

还未到鄱阳湖之前，它只是个地名或是符号，但真正一路沿着鄱阳湖行进，我觉得它更像是海。清晨烟波浩渺；晌午烈日当头，无处躲避；傍晚，偶尔微波泛起，偶尔大风呼啸，如碧色大海。将鄱阳湖作为这一次的拍摄起点，最合适不过。

捕青虾的毛先生

鄱阳县城边，有一条通往鄱阳湖的府饶河。这里是毛细文师傅和家人捕青虾的地方，他们居住的小船，就停靠在港口边。

青虾的产卵期为每年4月至9月初，盛期为6月和7月。青虾本身繁殖力极强，因此虽然青虾寿命很短，但捕捞的人还是很多。人们带着成排的虾笼出船，沿着河岸边投下虾笼，每天下午去放虾笼，第二天一早两点钟去收笼，一直收到中午才完工。一艘渔船每天大概能收上十几斤青虾，新鲜的青虾立即被卖到隔壁的青虾水产市场，再被运往附近的城市。渔民喜欢叫它们"虾子"，也许是因为像对孩子一样熟悉。

毛先生的妻子在织渔网

　　毛先生原本不是渔民，因为父亲去世早，15 岁辍学，18 岁便外出去钢铁厂打工。20 岁时遇到同村的渔民女孩，以毛师傅的话来说，娶了渔民家的女孩，自己也就变成了渔民，至于捕鱼的本事，当然是老婆教的。

　　和一般渔民不同，毛先生的思想比较开放。对于三个远嫁的女儿，他还会开导她们，不要有思想负担："如果你留在我们身边，但你过得不好，你也没面子经常看我。但如果你能幸福，过得好，嫁得再远你也会回来。"虽然毛先生自己读书不多，但他仍记得爷爷曾是村里的教书先生。他的小儿子在县城里最好的高中上学。毛先生认为，一定要让儿子考上大学，出去见见世面才行。

　　常年生活在渔船上的人，对于青虾吃得比较简单，放一些生姜、大蒜、辣椒，加一点点料酒。有时候他们也会直接吃下到滚烫的锅里面涮一下就上来的虾子，很嫩。在毛先生家，几乎每一餐都有河鲜，他认为河鲜要比其他的有营养，虽然夫妻俩常年在船上无遮挡地被风吹日晒，看起来也比较显老，但他自认为身体要比城里人健康许多。正在读书的小儿子倒是不太喜欢吃河鲜，这让毛师傅有些头疼。毕竟儿子没有从小跟随父母在渔船上长大，口味也比较倾向于猪肉一类食物。毛先生的妻子会经常带些青虾，给儿子补充营养，从去年夏天开始，儿子小波已经开始慢慢接受河鲜，这让毛师傅很是欣慰。

毛先生的儿子小波

毛先生和儿子在吃饭

捕银鱼的舅舅

汪丹丹原本在镇上的河边帮婆家照顾小馆子，因为做的菜口味地道，便将饭馆也开到了鄱阳湖的余干县。在所有本地食材中，汪丹丹最喜爱的就是银鱼，而捕银鱼的舅舅张明凤也最让她感到自豪，因为在她看来，像舅舅一样用老方法捕银鱼的已经不多了。

银鱼源于鄱阳湖珠湖银鱼。珠湖为鄱阳湖自然形成的内湖，黄山余脉绵延入湖。众多水系不仅为珠湖带来的丰沛的水资源，也带来的丰富的营养物质。难能可贵的是，珠湖水系至今没有被工业污染。鄱阳县史有"银鄱阳"之称，据说就与珠湖银鱼有关。

鄱阳湖 2018 年是 6 月 20 日开湖，大概可以捕捞到 9 月份。张明凤每年 7 月份就要进湖，每次要半个月左右才回来。一条船上四个人配合，用只有几毫米缝隙的渔网捕银鱼。银鱼多生活于中下层，除缺氧外，极少在上层活动，如池周、池底有水草，往往钻入其中，在湖面上通常不容易发现。根据舅舅近四十年的捕

鱼经验，银鱼常常隐藏在水流有旋涡的地方。银鱼捕上来后，大概还能保持鲜活
10分钟，为了保证品质，捕捞后要立即将挑选出银鱼放在船头晒干，也方便储存。
每几日，便会有货船载着需要补给的蔬菜来收购银鱼。

近距离拍摄银鱼

张明凤记得，从1989年开始，银鱼便开始减少了，过去一天最多能有几百
斤，现在每年只有几百斤。张明凤从18岁开始捕鱼，因为捕鱼辛苦，收益也不多，
所以儿女也反对他继续捕鱼，但捕鱼是他做了半辈子的事，而且他特别喜欢在鄱
阳湖捕鱼，朋友多，能玩的地方也多，累了就上岸，到亲戚朋友家玩几天，休息
好了再继续，十分自在。但是他捕捞银鱼讲究十分多，要有特定的日期，还有就
是大风天气，这样水面有可能被翻起，银鱼也会被翻出来，而且出发前一定要祭
拜水神，这是当地所有渔民出船前的习俗。

邹正水和他的鸬鹚

第一配角——鸬鹚

鸬鹚捕鱼，是渔樵文化中的重要内容。据民国《余干县志》记载：鸬鹚"啄锐而长。颈能伸缩，喜啄鱼。瑞江一带渔户视作家畜。见鱼纵使没水，少顷以杵击砧，口中若歌若唱——渔人勒颈取鱼，百不失一。"

据介绍，鸬鹚主人多用"白话"与其驯养的鸬鹚进行沟通，渔民有以歌代令的鸬鹚号子，有不同的调子和不同的节奏，表示捕捉不同的鱼及作业时的不同"指令"。对于仅有"喔呵呵依唷呵呵"而无歌词的鸬鹚号子，鸬鹚都能听懂。鸬鹚捕鱼使用的木船与普通木船不同，是由两只不同形状的单船组合而成。单船身长6尺多，宽不过2尺，船腹两块隔板分成前舱、中舱和后舱。船的头尾形状一样，常以人站在船上放鸬鹚时分辨前后。单船因小不能载重、因窄容易摇晃，故用两根横杠将两只船并排相连，中间前后左右留一尺五见方的空间，便于站人。两船中间内侧各钉上一块踏板，渔民就站在踏板上放鸬鹚。因为鸬鹚船是由两只单船相并而成，船身短小、划行轻便、掉头灵活，所以在水上划行十分平稳。

打个简单的比方，鸬鹚也和家中的宠物一样，有血统和基因之分，有的聪明，一教就会，有的不努力干活，每天只想着偷懒，还有的看着其他人家好，会偷偷溜走。拍摄时，才领教了鸬鹚真的很顽皮，总有那么几只偷懒耍滑，要么围着渔船一圈圈地转，要么就是趁你不注意，偷偷跳上船，东摸摸，西摸摸，总之就是不干活。

渔民对鸬鹚，每一只几岁、叫什么，都了如指掌，更像是合作伙伴关系。邹正水家养鸬鹚已经三四代人。现在，邹正水家中只有他一个人靠鸬鹚捕鱼，儿子也已经上岸，当上了村长。过了今年的禁渔期，他就会带着家中这二十几只鸬鹚到鄱阳湖，一待几个月。但是，长江开始禁渔后，鸬鹚怎么办？邹正水还没有想好。毕竟每天给二十几只鸬鹚投食，也是一笔不小的开销，即使再舍不得，也要做出选择。

"暴躁"的老太太

老人家叫涂水莲，2019 年 3 月刚过了自己的 104 岁大寿，家在余干县其中的一个小渔村，这个村几乎家家都是渔民。老人 4 岁做童养媳，先生比她大 6 岁。但先生家里也并不富裕，每日三餐，都是两人能在路边找到什么吃什么。饿得不行就吃榆树皮，将树皮捣烂咽下，但又很烧胃。有时候还会在路边挖些野菜，蒲公英、甜菜、沙菜，都是老人常吃的东西。当问到想不想父母，老人说，小孩子，白天玩，晚上睡觉，也不知道想父母。

年纪再大一些，老人家便开始帮工种地，饿了，就在路边的荷塘里挖出藕带，洗干净，撒上盐，放在米饭上蒸，一大锅够十几口人吃上几天。

老人说，六七岁的时候曾做帮工，帮忙做捕银鱼用的麻线网，因为年纪小手也快，每天从早到晚能搓很多。从那时候起，老人和捕鱼就有了断不开的联系。十几岁时，她和先生一起做拉货船，偶尔也会自己打渔。但因为自己在船上站不稳，经常摔跤，只能在岸边拉船。天气再冷，小腿也常年泡在水里。

老人现在老人和儿媳生活在一起，一日三餐由儿媳照顾。上年纪以后，每天的菜邻居家人都会送来。在她的生命中，也许没吃过什么山珍海味，现在每日还是以素菜为主，但她记得，年轻时候最喜欢吃当地的青皖鱼和银鱼。

这位老奶奶让人印象最深的是暴躁的小脾气，因为老太太全程用当地最老的方言与我们沟通，就连当地的翻译也只能大概猜测，所以不免有些提问重复或是理解有偏差，这时候老太太就会小暴躁地数落翻译几句，有一次，翻译问老太太"年轻时候吃鱼牙口还行吗？"老太太急了，劈头盖脸地用方言说，"我年轻时候咬得动！又不是没有牙！"看着老太太生龙活虎的样子，不难想象出她当年一定是个十分俏皮可爱的姑娘。

洄游的蟹与人

第一次登上崇明岛，我们就感受到了与上海精英城市完全不同的氛围，这里更像个朴实小海岛，岸边的人捕鱼，陆上的人种地，这里有自己的各种市场，人们数着各种时令，期待着只有这个时节才有的新鲜食材。崇明岛人过着自己的小日子，吃着自己的小讲究，格外像个世外桃源。

在崇明岛，不得不提的一种生物是老毛蟹，学名"中华绒螯蟹"，生于长江水系。有名的阳澄湖大闸蟹也是长江系，源自崇明岛的蟹苗。也许是因为生

老毛蟹

活在这里的人们对它们极其熟悉，所以一定要加上老字。

　　上海人爱吃的六月黄，指的就是七月份刚脱壳的，黄是流沙状，肉质鲜嫩的毛蟹。真正的毛蟹成熟期会在10月底。而最讲究的螃蟹吃法也在上海，吃蟹分为"文吃"和"武吃"。在明代，闺阁小姐还会准备吃蟹的工具"蟹八件"。顾忆，就是在这样的环境下长大的。

　　顾忆是建筑师，年轻时曾到非洲工作了十几年，近几年才回国定居。走到哪里都忘不掉的一口就是螃蟹，他说年少时的梦想就是走到哪里都可以吃到螃蟹。回国后，顾忆不仅做建筑方面的工作，也继续发扬自己爱吃的天性，和几位好友合作开了餐馆。

　　在我们遇到的所有故事中，顾忆的故事最能传达出节制的精神。他的餐馆，只问客人喜好，却不为客人点单，每日的餐食都是提前设计好的，以少和精为主，吃完了一份，想再吃第二份，却不能了。顾忆说，这么做是希望大家可以节制一些，一是给自己留有更多回味，二是为了健康。

再到重庆

　　在重庆生活四年的经历，使我对这个城市的吃喝住行都再熟悉不过，但这里的渔民和长江，我却是第一接触，十分忐忑。

　　在重庆，有一个被迫舍弃的故事。重庆的温老大和朱叔叔，是摄制组相处最久的一对拍摄对象，也是最打动我的故事，他们举手投足、吹牛打闹，都能百分之百地展现重庆的江湖气与烟火气。尤其是走到市场上，人人一句"温老大"，可以感受到这些渔民之前的深固的感情。只可惜，在拍摄过程中，因为出现技术问题，几乎所有的画面都毁掉了，只保留下了很小一部分在片中得以呈现，但并没能完整的讲述他们的故事，十分可惜，但是在这里我想讲出来。温老大和朱叔叔从小是邻居，但是按辈分来说，温老大可比朱叔叔大了半辈。朱叔叔本身不是渔民，但一直爱好捕鱼，所以退休了以后，先是自己研究着怎么捕鱼，出船的次数多了就认识了很多渔民。听朱叔叔说，朱沱镇的渔民都很友好，自己有什么方法经验都会交给他。时间久了，他和温老大也就熟了起来。朱叔叔很爱玩，除了捕鱼，还和几个朋友养蜜蜂。休渔期时，他就到山里去养蜜蜂，采蜂蜜，温老大也是他的常客。但捕鱼还是温老大在行，他从八九岁开始便跟着父亲打渔。六十几年的捕鱼生活，使得温老大对于各个鱼类的生活习性无比熟悉，对于什么季节、在哪里会出现什么鱼，他了如指掌。看天气、看水面，就能知道河里的状况，有没有鱼，适不适合捕鱼，这些他都说得准。

老哥俩的江湖气体现在哪里呢？大概是他们之间那种义气，虽然大家都是捕鱼，要分享河中有限的资源，但是只要需要帮忙，他们都立马出现，谁家的船遇到问题了，哪里有危险了，都是第一时间赶到。

温老大和朱叔叔

因为温老大是老渔民，走在市场上人人都认识，因为现在捕鱼少了，偶尔想吃鱼到市场上去买，大家喊着"温老大"、"温老大"，会把鱼送给他，也不要钱。如果是谁想买一条什么样的鱼，但朱沱市场上没有，也会联系温老大，他帮着人家从其他市场上调过来。

温老大还救过不少人，吵架投河的，不慎落水的，还有半夜发大水，船被冲走，他最后救了船上的人和猪。1999 年，温老大被评为全国道德模范。由于为人仗义、做事公道，镇上的渔船都听温老大指挥，涨水要警惕，风暴不出船，大雾不行船，以前全凭经验。现在有了渔政的气象信息，温老大直接在微信群里通知大家。在江上捕鱼，渔民也有自己的忌讳，"倒、翻、跳、跑"不能说，过去不顺的时候，会用鸡血洒船头拜海翁菩萨，现在基本靠忍让和多协调。在他们看来，所有事情当中，"安全"当排在第一位。上船不喝酒，不抢行，不夜间作业。几家渔船之前不管闹出了什么矛盾，如果正在打架，风来了，两船挂上了，所有的人都会全力救助，很是团结，不会因为之前的矛盾视而不见。而渔民最有特色的，就是吃饭的时间，江上几条船围在一起，米饭各吃各家，但菜全部端出来一起吃。

写在最后

　　暴晒，炎热，中暑，晕船，这是我对 2018 年夏天所有的恐怖回忆。因为捕鱼要到大湖中，从岸边出发往往要三四个小时，摄制组每天就这样跟着渔船一起往返，天气炎热，渔船上遮挡物极少，不经常上船的团队成员，每天也暴晒在体感 50℃的户外，不是中暑就是晕船，十分难过。但是我们也深刻体验了到渔民的辛苦，每日清晨出船，到傍晚才回来，短暂休息，再次开始一天的工作，十分不易。

　　每天，靠着喝参续命的摄影师强打着精神组队出发；经历从小白人晒到小黑人的摄影助理，把"中华鲟"说成"中华熊"，为我们提供不断的笑料；和我一起晕在船舱中的录音师，即使吐上千百回，一听开工也迅速起身，举竿立在船头；在岸上准备一切后勤，开车莽撞的现场制片，被一次次打击倒下，又一次次爬起来。等待拍摄星空延时片段的夜晚，大家围坐在岸边，最后躺在地上；素材损坏到无法弥补的夜晚，一顿烧烤过后，不再回头。十分感谢团队的每一个人，在顺境和困境中，相互扶持至今。

导演看江湖

———————

　　江湖一词总是伴随许多色彩，起先是烟波浩渺的微观生态，而后衍生出结拜兄弟的人间生活。进而，人们习惯于"有人存在的地方就是江湖"，这话听起来只有人，但实际上，人与生活在江湖里的生物早已密不可分。

　　但这一次拍摄江湖，总带着一股淡淡的忧愁，也许这是江湖本身持有的属性，但作为导演，我们也加入了些许情感。在不久的将来，长江将迎来持久的禁渔期，长江捕鱼也许在短期内会成为历史，对长江的生物来说，这是一个休养生息的好机会，但对于长期靠长江捕鱼的渔民来说，这种短暂的告别也许非常困的。作为这一集的叙述者，面对往日的热闹与喧嚣，也许也无法潇洒面对离别。这是一种复杂的感情，对我，对沿岸人们，对江湖而言，都是如此。

　　为了少一些感伤，在片中一直都在隐约传达着"节制"的概念，包括对捕捞的节制，对索取与给予的节制，还有对饮食的节制。我们希望在通过这种方式，让观看者慢慢体味出这其中的复杂情愫。

　　策划之初，总导演曾提出"美食将带我们走向何方"，这个问题很难回答。在江湖中，我们可以深刻感受到节制的重要性，但美食会带领人们走向何方呢？也许只有深度经历过的人才知道。

我是海洋。尽管我的脾气阴晴不定，你们千百年与我相伴，还是在这里创造出了一个独特的美味系统。虽然你们在我的身体里最初尝到的是咸，但是，这一由氯化钠构成的味道，并不是我对人类食谱最具魅力的滋养。我为你们提供了世界上最宽阔的餐桌。在我丰盈的身体里，隐藏着神秘的味道。我踩着月亮为我制定的规则，随潮水把这些味道带上陆地。我是生命的源起，当我敞开自己，滋养的是生命，更是文明。

观看高清视频

"隔一天就没有第一天的好吃了，刚刚捕上来的，我们切开拿去煮一下，那个鱼比较好吃啊。"

海洋的鲜美

入
海
寻
鲜

　　每天傍晚，我都要把自己挤进并不宽敞的河道。潮水的力量，会帮助人们收割一种美味的藻类——海带。海带干燥后，一层白色粉末渗出带片，我最神秘的味道，就藏在这里。

　　千百年来，人类一直没有停止对味道的搜索，精明的厨师用各种海鲜，组合出数不尽的佳肴。但自从一百多年前，人们从一碗简单的海带汤里，提炼出鲜味以后，才发现，原来"烹饪"就是在用各种办法，把"鲜味"提高到最大值。

福建浦霞县东吾洋，海带养殖区域。

我是海洋，生物想在我这里生活可不容易，海水的盐度给它们的细胞带来巨大的压力，于是它们产生出一种调和剂，在我的水体和细胞液之间形成缓冲。这层缓冲物质，就是让人魂牵梦绕的鲜味。于是有一种说法，海水盐度越高，鲜味就越浓烈。

海带

董志安

为了得到鲜味，人们不仅成天往我这里跑，还要帮助海带繁育后代。董志安是海带育苗所的所长，半生都在研究海带。我的这种神奇藻类，就像他的孩子一样。他了解海带喜欢什么气候，在每年的什么时间吐孢子，什么时候育苗品质最优。他尽最大的努力，为海带创造最适合的生长发育环境，低温、自然光、循环水和营养，一个不落，等待海带形成孢子，逐渐成熟。

在这间通透的"产房"里，未来三个月，会有将近五千亿颗海带孢子喷出。这些数量庞大的宝宝们，将在帘子上成长为幼苗，再到我的更深处慢慢长大。而后，带着迷人的鲜味儿，海带走向更深远的内陆，让那里的人们，也可以在餐桌上享受到海风的吹拂。

但不要忘了，我是阴晴不定的海洋，如果想源源不断从我这里获得鲜味，必须像和我打了一辈子交到的老人一样了解我才行。东吾洋老一辈的人都知道，如果看到山顶上有一块一块的云朵，最近几天必有台风。想适应我的怪脾气，需要时刻保持警惕，调整自己的生活节拍。

天气预报发布了台风预警,董志安需要马上去把他的海带抢救回来,如果被台风打断,那么今年一年都不能再育苗了。救援行动很成功,明年又可以孕育更多海带宝宝,让海带可以在人们的餐桌上展现鲜味的基础形态。

收来的海带

鲜味层次更丰富的海系料理,则由我的另一个味觉担当来展示。在中国的福建宁德,牡蛎是当地非常普遍的吃食,流传已久且做法十分广泛,这里的人们食用牡蛎,就像普通人家食用鸡蛋一样。牡蛎生活在我的多个领域,因为身材比例不一样,拥有很多名字。大的被称为生蚝,小的叫海蛎,其实他们都是同一种生物。因此,在我的不同领域,这些小动物在人类的餐桌上也有了不同的味道。

牡蛎

周其顺从两年前开始养殖生蚝,一周前的台风给一家人带来不小影响。每年夏天,他都要带领工人,每天在海面上工作 11 个小时。现在,由于台风打坏了工具,他只能冒着酷暑来回奔波,给工人送去热乎的饭菜。清淡的海鲜家常菜配上米饭,为劳作的工人补充能量。

潮水上涨，我身边的牡蛎也和他们一样，开始吃饭。它们打开贝壳吸吮海水中漂浮的藻类，退潮时则闭紧贝壳，躲避阳光。我周围的岩石是牡蛎的美人榻。每年春天，是牡蛎的恋爱季节，它们会向水中喷射繁育后代的体液，附着在祖先留下的贝壳上继续生活。这可是它们几亿年的杰作。

安顿好海里的生蚝，老周也会带一些回家吃。这些新鲜出浴的贝壳上岸的第一站，就是人类的锅。生蚝捞出后，需要马上洗净、下水，这是人们和微生物之间的时间赛跑。

海鲜离开海水后，氧气和高温给微生物军团提供了非常适宜的环境。海鲜的鲜味物质会在短时间内，被这些闹腾的微小生物纠缠上，逐渐丧失活力。于是，人们用隔绝氧气和降温等方式，放慢这一过程。但其实，只有及时端上桌才是留住鲜味的最好办法。

扫码看动画

虽然牡蛎的最佳吃法其实是生吃，但人们还研究出了各种各样的牡蛎食谱，或煮或炒或煎，都能俘获大片食客。牡蛎加热以后，一些氨基酸会被封锁在凝集的蛋白质中，层次丰富的鲜味并没有办法直接到达人的味蕾。但是，高温却能让牡蛎从海水中吃到的藻类散发出独特的香气。因此，在烹饪搭配上，它可谓是人类厨房里的交际花儿。

老周对他的生蚝有一种自豪感："我那个生蚝很补啊！男人、年轻人吃最好的。不管男人女人，就是最好。这个海蛎，生蚝，就是海上的奶。"丰富的营养和大量蛋白质，能让牡蛎在其他食材的陪衬下释放鲜味，比如当地的家常菜海蛎煎。当地传闻，在郑成功意欲收复失土时，由于缺粮，急中生智，就地取材，将台湾特产蚵仔与番薯粉混合，加水和一和，煎成饼吃，竟流传后世，成了风靡的吃法。高温下，番薯粉中的淀粉颗粒吸水膨胀，再破裂，淀粉分子向各个方向伸展扩散，形成饼状，和牡蛎中的游离谷氨酸结合，散发出来的鲜香，征服了早年因战乱而饥肠辘辘的人们，登上了如今牡蛎美食家的首要席位。

松露芝士焗生蚝

蚝饭

海蛎煎

滩涂追腥

　　我是海洋，我带到岸上的美味，虎视眈眈的动物们比谁都清楚。在我这里，一天总是从忙着觅食开始。此时，滩涂上仿佛正在展开一场由不同物种参与的美食派对。平常在淡水区域生活的鸭子，反而率先出动，活动筋骨，准备大吃一顿。有句俗话说，"海畔有逐臭之夫"。这些小家伙追逐的，的确是另一种味道。

  一种软绵绵的小动物从泥沼里蠕动出来，这是泥螺，只生活在太平洋的西岸。和其他高调的动物不一样，泥螺羞涩地将自己包裹在泥沙里，只有在太阳高高升起的时候，才会小心地露出身躯，享受日光浴，却不想有人也在等待这一时机。

  捞起泥螺后，在滩涂上做简单冲凉。这时候，泥螺才会露出自己的真实面容。泥螺的身体里藏着一种魔力，它们动作缓慢，甚至比树懒还过分。因此泥螺移动时所耗的能量非常少，在肌肉收缩时，能将肌纤维锁住，用大量的结缔组织胶原蛋白来强化，以至于肌肉闪着乳光的色泽，同时具备鸡腿一样的口感。

鲜泥螺

泥螺

　　这些小东西非常受人们欢迎，卵圆形的贝壳儿下，一坨透明的肉吹弹可破，不仅长相奇特，吃起来也非常需要技巧。人们想在其他季节也吃到它，因此巧妙地研究出另一种做法，竟成为一道当地知名的小菜——腌泥螺。而它身上的鲜，也变成另一种奇特的味道，通常被称为腥味。

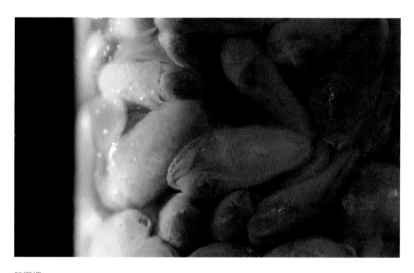

腌泥螺

　　海鲜上岸一段时间后，构成鲜味的物质会和动物代谢蛋白一起，堆积在海鲜的身体表面。这时，微生物会吞噬掉它们，产生恶臭的三甲胺和含硫物质，也就是海鲜腐烂发臭的味道。

别看这味道奇特，想要尝到它，还是要费一番功夫的。趁着涨潮之前，一群人就要守在我的岸边，等待采泥螺的工人归来。赵会菊主持这场交易的大局，丈夫和儿子则帮忙打下手，这一家人都是腌制泥螺的高手。他们要把今天采到的泥螺全部收来带回家，完成腌泥螺这项重要工程。

第一道工序是给泥螺搓澡，可以去掉大部分细菌和造成臭味的副产品，然后把泥螺放到一个大桶里，倒进淡水，让泥螺吐出多余的杂质。接下来就是最关键的腌制过程：需要不停地用木棍和胳膊在大桶中搅动，一边搅一边倒入一定量的盐。在木桶里，耐盐细菌会充当一次正面角色，和酶一起，将无味的蛋白质和脂肪分解成层次复杂、滋味鲜美的小分子，这也是腌制泥螺的魅力来源。腌制的醉泥螺不加葱姜蒜，只用糖、味精和酒等调料，赵会菊一家的动作看似随意，其实正是因为充分了解这些小贝壳。否则，美味的腌泥螺就不会出现在餐桌上了。

葱油泥螺

海味时间

腥味和鲜味就像来自我的孪生兄弟，占领了海系食材风味的两大制高点。当这些宝贝从海边被运送到城市里头，为了不辜负我所创造出的美妙味道，人们必须准确掌握跟鲜味相关的各种时间感，包括季节与火候。在各地的市场，都能看到为了我的味道和时间赛跑的人。

老林的粉丝蒸蟹。螃蟹在下，粉丝在上，拨开上层的粉丝，就寻到香气的来源。

　　私房菜主厨老林，要在今天为朋友们准备拿手的海鲜局。老林十分看中食材，把握海鲜的时间感，私房菜馆只要"接单"，他便通知妻子，在老家宁波奉化的定点市场找定点人，买到新鲜的食材，再通过客车大巴运到上海。如果想去他店里吃到美味，需要提前一周订餐。老林平时既做传统菜又做创意菜，宁波菜重鲜味，和上海当地口味结合，去过的人都叫好。

厦门八市

　　一路向南，在厦门的八市，另一位小朋友也在搜索鲜货。早上八点半，"九零后"黄玉露准备在这里买到七种海鲜，为晚上的朋友相聚做准备。作为一名经验丰富的"吃货"，她知道，时间是最重要的尺度。"那个阿姨在说，船才刚回来，说明她的东西都是刚上来。"

吊烧鱿鱼

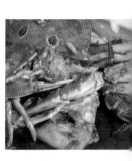

螃蟹炒年糕

水煮鱼煮三鲜

蒸生蚝

蒸扇贝

  离聚会只剩下 2 个小时，黄玉露拿捏着动刀的时机，配菜逐一上场。海鲜仍是聚会主角。沙茶海鲜煲是开路先锋，从我这里快递的鱿鱼、虾和花蛤，配角是豆泡和鸭血。随后完成的是改编版的水煮鱼，采用胶质丰富且没有刺的黑鱼。最容易被氧气夺去鲜味的螃蟹炒年糕、蒸扇贝，还有生蚝最后盛盘。海蛎煎也不能少，黄玉露自觉今天煎得很成功。

  花一整天的时间和鲜味赛跑，换来了和朋友们相聚时的安逸与满足，这也是他们一天中最轻松的时刻。这种闲散舒适的情调，正是生活在我身边的人们，共同的人生追求。

另一道同样讲究的鲜味大菜，在时间感上却一点也不急迫。它以昂贵的原料，复杂的过程，站在海系料理的塔尖。然而，它的时间哲学，则是缓慢。佛跳墙是海系料理的顶级大菜，八种海鲜干货，经过繁复泡发、煸炒、煨制，海鲜中最迷人的味道，会重新释放出来。

干海参

干瑶柱

佛跳墙中使用的都是干货原料，干鲍、海参、鱼唇等都要经过泡发，这也是最难处理的一类食材。有专门的学徒来学这门技术，一定要"发透"，就是排出里面的腥味。海鲜干货的品种不一样，硬度也不一样。有的可以用冷水泡三天，有的甚至要到五六天。姜、葱和绍兴酒，放在汤里烧开，把泡好的原料放在里面焯一下，目的就是进一步除掉它的异味。

一道佛跳墙，从备货到烹饪到上桌，一般需要两周时间。它已不同于普通的海鲜菜肴，更像一尊等待着工匠雕琢的佛像。烹饪的时间被延长，食客可以感受到，来自我的鲜味被一点点释放出来，整个过程缓慢而精细。这尊精雕细磨的艺术品，汇聚了来自我的鲜味精华，和人类千年总结的烹饪艺术。

用荷叶封住佛跳墙的酒坛　　　　　　　　　　小坛佛跳墙

　　煨了 15 个小时以后，封口的酒坛要等待主宾开启，因为佛跳墙的坛子是用荷叶封住的，煨制以后，打开的一瞬间，酒的香气与蛋白质氨基酸混合的味道一起释放，芳香袭人。

　　这道年长且珍贵的佳肴，是人们想念我，迷恋鲜味的最好证明。人们汇聚了从我这搜寻的奇珍异宝，端上餐桌，献给尊敬的客人。也许在人类眼里，弥足珍贵的佛跳墙中就隐藏着一个小小的海洋。当人们的舌尖触碰到这些极难获得的食材时，也会想起那些汹涌的海浪和广阔的海水。

　　几十万年前，你们的祖先慢慢造好渔船，摸索着我的潮汐规律和喜怒无常，到充满危险和神秘气息的海洋深处搜寻食物。我见惯了从这里走出去的各色生灵，身体里还保留着对鲜味的渴望。经过漫长的进化，虽然你们已不复当年模样，但留在身体和舌头上的味觉信号，都已成为我们之间最深的牵绊。我是海洋，你们与我互相陪伴，也将向更加遥远而辽阔的神秘时空出发。

人物采访

董志安

———————

海带育苗企业负责人

董志安，1981 年从学校毕业以后，分配到福建省水产厅下面的福建省三沙渔业公司的海带育苗厂，从那时起开始从事海带育苗工作，至今已近 40 年。

海带一般适合什么生长环境？鱼类和台风对海带养殖有什么影响吗？

董志安： 海带生长的温度基本上在 9 ~ 18℃。在南方，海带一般每年的 11 月底开始生长，到次年 5 月份就开始收成了。但是有的品种晚一点，6 月份收成。那个时候因为温度升高到 20℃以上，海带尾巴会有点烂。其实 10 ~ 15℃对于海带是比较理想的生长温度。

海带一般比较喜欢生长在潮流比较畅通的环境，潮水流速比较大的环境下，生长会比较快。营养源丰富也是比较好的条件，因为海带属于藻类，可以通过光合作用吸收营养。

内海的环境，流速一般没有那么急。外海的潮水流速会大一些。一般来说在外海，海带的生产的产量会相对会高一些。现在一般海区都有海带养殖户，因

赶在台风前抢救海带苗

为海带这个产业的生长效益还比较稳定。

有时候鱼也会吃海带，前两三年霞浦有这么一个阶段，从4月份开始就有发现鱼来吃了。群众也没办法，没到收割的季节，就要把海带收起来，这样就会减产。但是一般这种年份比较少，好几年会遇上一年这样的。

我们的养殖设施都比较好。即使在实际达到11级这样的风浪里面，一般是不怎么影响的。海带5月份就开始收成了，很多在4月份、5月份就收成。那时候基本上没有台风。我们福建北方地区，台风一般都在6月份开始，那个时候海带已经收差不多了。

海带对生态环境有什么作用？

董志安：海带可以净化海洋水质，应该也是对环境有保护作用的一种产品。海带在生产期间，沿岸地区的水质里面一些营养的东西都被它吸收了，水质就不容易富营养化，就不容易形成赤潮。所以说一般在海带的生长季节，海区里就不容易产生赤潮。海带收成之后，有的时候下暴雨，沿岸如果营养太丰富，就比较容易形成赤潮。所以养海带其实对这个生态区域是有保护作用的，它可以净化海洋水质。

您的工作具体都包括哪些呢？

董志安：海带的育苗其中有个环节叫做培养总带。从我们的行业里面来讲，总带要度夏。为什么叫度夏？就是在夏天，有一个阶段是在海上，有个阶段在室内。我们一般在海上水温达到 20℃ 的时候，就开始去选一些优质的海带来做种，养在我们特定的海水里面，一般要养到什么时候呢？要养到 7 月 10 号。海上水温达到 26.5~27℃ 的时候，我们就给它搬到室内来。但如果是在水温还没有达到这个标准的时候，观测到了台风，像今年玛利亚台风 11 号登陆，那我们 8 号就给它运进来。因为如果这个种被台风打掉了，那我们整年就不能育苗了。所以我们平常都非常注意观测台风。而且现在的气象科技也非常进步了，一般都会预测到，提早一个星期都可以预测。

海带从海上运到室内来以后，在室内的培养阶段一般有两个月。这两个月里面，主要保证的一点是要低温，比如说 27℃ 的水温，我们要把它降到 8℃，低温、自然光、循环水进行培育，就是让这个海带形成孢子了，就让它成熟。通俗一点讲，就是说让它形成一个孢子，然后拿来采苗用的，相当于海带"受孕"的过程。这个里面有很多的技术，我们人工可以给它设定一些技术指标。这个技术指标的设定过程，就是等于我们人为的要让海带孢子在什么阶段成熟。一般我们人为设定在两个月以后成熟，比如说我们今年 7 月 8 号开始培育，那两个月以后，就是等于 9 月 8 号以后，一般都在 9 月底成熟。

　　海带成熟了以后，我们就把这个种拿来采苗。所谓的采苗，就是我们有一片一片的帘子在那边，我们把成熟海带的孢子浇出来，附在这个苗帘上，然后再进行培育。这个培育的过程一般是两个月。比如说我们从 9 月 24 号采苗，然后 11 月 24 号就开始下海了。最初这个孢子附在苗帘上，当时的大小就是两到三个微米，然后等到我们出仓的时候，这个苗的规格就有三厘米了。

　　海带苗需要精心呵护，我们每天都要去检查它的生产情况是不是正常。那这个检察都是在放大 100 倍到 400 倍的情况下，去观察它的结构、它的细胞，因为它是单细胞的，后来变成多细胞。细胞的发育，分裂增殖性，我们要观察它长得是不是正常。我们每天还要做很多的事情，比如说水质建设，这个水质符合不合它的生产指标。还有水温，水通过一个管道泵打到这个池子里面，再流到那个制冷池里，这个循环的过程，就确保水的温度。跟海带的习性也有一点关系，因为大海里水也是流动的，那我们也创造一个水流动的这个环境。我们还要调光，控制光线，是要一千密度还是三千密度，有专人在那边调节。我们还要搞一点营养盐，当然这个也是微量的。另外还要洗苗，所以说有很多的工作。

　　我们的苗出去之后，我们都有分几个阶段去海上去调查。第一个阶段就是苗下海了以后，我们这个苗到底生长会不会健康。然后那个时候一般一个星期，我们会去看一次，群众会对你这个苗做第一次的评价。你这个苗下海还不错，生产的比较不错。第二次是在分苗的时候，一般是在第 20 天到第 30 天。群众还会评价，说哇，你这个苗非常好采，就是说你这个大的采下来，小的就不会跟出来，柄很长，桃很大。第三次就是收成的时候，就是养到四五月份的时候，群众在收成之后我们也去看，中间这段时间我们也经常去测量，要定点去量海带的生长速度。收成的时候群众说，今天海带不错，又宽又长，产量很高，一条绳子上可以达到 200 斤，这个我们都要分几次下去了解。

整个过程中哪个步骤最有成就感？

　　董志安：海带育苗的时候，有几个关键的基础，比如说这个采苗的密度、这个剂量要非常准确，还有就是出仓下海的时间。当群众这个苗拿回去的时候，我们已经拿了一个星期了，一般在水温达到 20℃，有往下降的趋势的时候，这个苗就可以开始给群众了。群众拿回去，养了三五天，我们就会到海上去调查，每一个村我们都去。群众说哇，今天的苗非常好，董总看今天的苗很漂亮很好，

那个时候是感觉今年确实是不错，做得不错。

我们每年在育苗的过程中，总是想把每一年的苗要育得比上一年更好一些，所以我们都在不断总结这个经验。这一片的苗卖给群众，我们是 10 万株，按厂价给他的比如说是 280 块钱，那群众拿了这片苗，通过海上的暂养，然后去生产这个海带，可以生产一亩。我们一批苗都是在 10 万株，群众拿去利用的话，一般都在 6 万株左右一亩。从 10 月底，到第二年 5 月份，一亩的海带就养成了，可以卖到两万块钱。所以说我们这边的苗卖给群众，如果苗的质量不好，就会耽误生产。因此我们责任很大。我们不仅仅是要把苗育好，还要保证这个苗让群众拿回去之后有收成。

我们一次性育苗采下去，采了几万遍下去，不能有半点的差错。如果有问题，就没办法补救，今年整个季节就没有苗。你看那么多群众跟你订的合同在那边，我们一年生产的苗，可以供应 5 万亩，群众收入就可以达到十个亿。你看有多少个家庭靠这个收入，所以说我们一定要把苗育好，确保它生长要顺利，一次要成功。

以前经常有苗发病，但是现在我们有很多的技术突破，比如说产量的密度，我们要给它掌握好，还有水处理我们要处理好，温度把控各方面，指标我们给它控制，现在我们的海带的生长基本上非常稳定。

海带养殖户

过去的海带养殖状况和现在有什么不同？

董志安：那个时候，中国的海带养殖，北方养殖的规模比较大一些。因为南方种苗都存在一些病烂问题，所以养殖的规模一直不能扩大。1984 年，福建省向中国科学院去申请，要求专家组来福建来做病烂攻关。以海洋研究所为主的专家团队，对华东六省进行了海带病烂苗研究。那个时候福建省研究点选在福建省三沙渔业公司。

80 年代的海带养殖，主要是解决海带苗工厂化生产技术的问题，现在有技术，有创新，有了经营新品种的水域。从产量以及适应生产环境方面，都比以前老的品种强了很多。

您一直坚持养殖海带，在这方面还有什么新的目标吗？

董志安：首先我觉得我是比较喜欢这个行业。第二点就是，群众要靠我们培育的这个种苗去生产。因为我们以前也经常有见到有群众拿这个苗回去坏掉，到处买不到苗。一个家庭来讲，如果养十亩海带，他每年靠这个海带收入 20 万，生活、孩子读书、老人养老，还有买房，都靠这个东西。没有种苗，质量不稳定，他这个经济来源就很困难。所以我们觉得，有责任坚持把这个工作做好，给群众提供一个便利。

我觉得目前从福建来讲，海带养殖这个行业是增长比较稳定了，群众的收入也比较稳定，那将来的目标就是说如何把海带在加工方面进行提升。因为海带这种海洋藻类，它是一种健康的食品，可以调节人体的酸碱平衡，也可以清肠，

排大肠的胶质，所以说多吃海带，有益身体健康。一方面还是要多生产，以后的话，我们想加工一些比较高端的海带产品，不像现在海带做出来那么普通。

我们现在做了一个品种，叫作嫩海带，就是用群众分苗剩下来的海带芽，长成五六十厘米的时候，我们把它拿来加工，可以拿去凉拌，也可以拿去做汤，口感比较好。

我们也到处去了解了一下，比如说像现在我们国内，民众对海带有益健康的认识还不够。比如说我们有很多超市，像永辉超市一年营业收入达到了200多到300亿，但是海带的销售只占一个亿。作为一种健康的食品，消费是很少的。我们也了解到，像黑木耳、像笋，前几年销售量也是很少，后面通过宣传说这个黑木耳可以软化血管，笋可以对身体有帮助，然后近两年一下子在超市里面翻了五倍的销量。所以说我们觉得海带的要从健康的角度加强宣传，让群众多认识到海带是一个健康的食品。以前我们家一般每个星期我们都要煮一些海带汤，或者凉拌。如果人感觉有点累，喝一点海带汤，就会感觉到比较舒服。

想过什么时候退休吗？

董志安：想过，现在应该再干几年，十年以后再退休，因为我们还要培养一些团队。这种技术要有一个这个经验的积累，在这个岗位上培养起来一个年轻人，需要有一定的时间进行技术积累，到经验丰富了以后，我们觉得就可以交给他们去负责了，就可以退休了。退休之后我还是会关注这个行业。肯定会有点舍不得，毕竟是我们一早做起来的企业。

海洋
居民说

———————

周其顺 牡蛎养殖户

我们以前没有天气预报,就是看月亮。月亮出来,这个水就开始涨潮了;月亮到中间,水马上要退潮了;月亮落山,这个水属于又涨潮的。

俞孟坤 福建东吾洋居民

我们出生在这里,从小到大习惯这么锻炼,这么生长,劳作都在这个这片土地上,就爱这片土地。

罗世伟 佛跳墙技艺第七代传承人

海鲜原料的特点就是鲜味重,那我们就要保持它的鲜味,尽量保持它的鲜味原汁原味。

与海洋谈一次恋爱

尹丹怡

———————

导演

我最初对海洋的印象，是神秘且性感的。

我曾经用半年的时间做案头工作，想要加深了解。但就像野外探险一样，外来者的理论知识再丰富，还是不如天天生长在那片区域里的人。所以，从出发调研开始，海洋才慢慢在我心里勾画出一个越来越清晰、饱满的形象。

人们发现，海洋跟着月亮的脚步潮涨潮落，于是总结出潮汐的规律。这种规律成为海边人们的生活时钟，也是渔民获取海中营养精华的决定性参照。比如满月这天是大潮，海中的牡蛎会膘肥体壮，小潮时因水位较低，渔船易搁浅，渔民普遍不会出海，选择在滩涂上进行海产品养殖的劳作。

我带着这些纸面上获得的知识来到海边，看着海洋用五分钟的时间把自己推进 10 余米时，生长在内陆地区的我，还是对自然的产生了深深的膜拜感。所以，自然也对那里生活的人们产生了一种情愫。我带着这种情愫走访渔村的家户，推开老旧的木门，简陋的餐桌上摆满诱人的海鲜，这是最朴素也最奢华的家常菜。我立刻觉得海洋是真的诱人，你可以接近她，到她身体里索取，并且来了就再也

养海带的"林叔"

不想离开。

霞浦是海带之乡，我们在这里遇到第一个"林叔"。他以一种极可爱的闽腔带我们走上一艘没有船沿的渔船，出海后一直努力用普通话跟我们讲着自己每天的作业和今年将有的收成。林叔是霞浦县沙江村人，标准的"50后"，从二十世纪九十年代开始养殖海带。他和一些同乡年年在这片海域养殖海带和牡蛎，这两种生物的生长季节完全互补，让老林几乎每个月都有得忙。老林会根据每个季节养殖作物的潮汐规律来调整自己的生物钟。海带丰收季节时，他会每天早上五点起床，顺应潮汐，将竹竿上的海带收起，用自家的小船运回来铺在岸边，等待阳光晒干。上午偶尔会到村委会开个小会，没有事情的话便回家和孙女玩一会，午饭后，他会去岸边打包晒干的海带，然后等潮水涨起再出海，重复早上的劳作，之后回家吃晚饭，这就是一天的工作。这期间无论有什么事，老林都会把收海带事放在第一位，他说，一年的辛苦到了收获时，心里都是满满的成就感。跟着他回家，我看到了他的小孙子和一直带着笑的老伴。生活在海边的人已经和海洋相处了数代，也摸清了和她相处的秘诀。

私房菜馆老板"林叔"

第二位"林叔",则是个不同于渔民的海边人,老林家原本在浙江宁波的奉化市区,七八年前搬到山脚前。他说之前做笋的生意,每年只在初春有笋的两个月工作,做完可以养家一年,其余时间种种花果,生活很惬意。他一直是朋友家人中公认做饭最好吃的,加上性格开朗,喜欢和人聊天,很快就和儿子的朋友们打成一片。儿子社交面广,大家起哄,加上机缘巧合,老林便在儿子工作的城市——上海开了个海鲜私厨。2015年左右私厨刚火,人们对美食的追求欲望极强,老林的私房菜在上海一传十,十传百,很多人想去都预定不上。

老林注重养生,身体上有什么反应都会食疗。我们拍摄时是夏天,他正在吃中药调理身体,称身体并没有什么问题,只是夏养三伏。儿子小林正在影视公司,老林现在也开始在电影电视组里当生活制片。他说组里人都说他定的盒饭好,因为他了解年轻人的辛苦,体力劳动强度大加上生活不规律,他给组里年轻人订的盒饭,荤素搭配,种类繁多,丝毫不会因为经济原因舍弃饭的质量。

在厦门,我们碰到了喜爱做饭的黄玉露小姑娘。她简直是我们捡到的宝贝,一直是我和秋主任(制片)最喜欢的一个人物。我们的缘分是在厦门八市开始的,因为这一季总导演的要求以美食为主,市场算是一个重要的承载体。搜索中国东海的海滨城市,厦门八市可以说是一个非常有特点的地方,因为距离码头很近,这里聚集了很多海鲜商贩,不少刚下船的渔民也在市场的路边卖海鲜,从早到晚都有不同种类的新鲜海鲜售卖。这里海鲜种类非常多,且都是一手货,价格相对便宜。较为特色的是,这里并不只是海鲜市场,也是一条美食街,藏着很多老厦

黄玉露在为聚会准备

於文斌和母亲赵会菊

门人从小吃到大的美食。如果我们自己前往，走马观花也只能看到浮在表面的新鲜鱼虾蟹，但黄玉露则用自己可爱的方式和对美食的极大热忱，向我们完美地讲了一遍八市，从海鲜什么时候来买最新鲜，到哪个摊位的斑节虾最大最好，八市深藏的小吃也逃不过她的眼睛：这个小吃摊主从哪年开始变花样，深藏在巷弄里鱼虾蟹旁边的面包老店很好吃…关于和她一起逛八市的记忆，可能是整个调研旅程中最享受的一段了，我甚至不用提任何问题。因此，这个姑娘原本只是帮我们介绍好吃的，却因为对美食有着极大热情，成为片中的一位主角。

怀着对泥螺这种食物的极大好奇心，我们来到南田岛，找到了很可爱的一家人。於文斌一家人一直在南田岛上生活，这里是全国知名的南田泥螺出产地。他们一家人因腌制泥螺的技艺名声在外。每年清明节开始，泥螺爬出泥沼，各家各户开始纷纷追赶每天的 4 小时退潮时间，到滩涂上捡泥螺，因为年代久远，繁殖量大，泥螺根本无须养殖，每人每天最高能捡 50 斤左右的泥螺。而当地一种经久不衰的吃法——醉泥螺，就需要於文斌一家的腌制技法了。

退潮后，捡泥螺的村民结束了一天的工作。在夕阳的照耀下，於文斌将收来的泥螺运回家，接下来即将上演一场"鲜度保卫战"。为了收获到鲜美的口感，於文斌会在当天晚上就把泥螺腌制好。大量新鲜的泥螺被倒入木桶中，於文斌一家再用木棍和胳膊不停搅动，一边搅一边加盐，多少泥螺配多少盐，腌制到什么程度，全靠一家人丰富的经验。因为腌制手法高超，他们每进一批泥螺，都有固定的老客户等着收，母亲赵会菊说，泥螺腌得好，自己非常骄傲。於文斌平时在

佛跳墙传人罗世伟

城里上班，每年只在泥螺季节的时候回家帮父母干活，因为这个过程太费体力。

当然，对比泥螺这种"小菜"，我们也找到技法了得的大菜传承人。罗世炜是佛跳墙制作技艺第七代传承人。他从 1979 年进入聚春园，开始正式学习佛跳墙这道菜。作为国家一级厨师，他曾给很多重要人物做过饭，佛跳墙从之前的大坛烹饪，到现在以位为单位的新形式，罗老看到了菜品的整个变迁发展过程。佛跳墙中的每一道食材和加工方式都深深印在罗老的脑中和指尖，他曾多次为适应人们的口味改良佛跳墙，比如，最传统的佛跳墙是清汤，但后来因为人们的口味，追求慢慢熬成稠汤。在他看来，很多人说闽菜被其他菜系侵占了，其实这只是美食文化自然发展的结果，应当以平和的心态面对更多次元的变化。

经过了近半年的调研和拍摄时间，和半年的后期时间，我透过眼睛、镜头和显示器，和在海洋身边生活的人们产生了一种微妙的情愫。从掌心就能包裹住的简单食材，到为生活勤劳奋斗的渔民、厨师、学者，再俯瞰海洋带来的富饶和丰腴，他们让我感受到自然伟大且神秘的力量。我觉得自己如此幸运，用这样独特的方式看到了海洋滋养的一切。所以，在长达一年多和海洋的"恋爱"中，她在我心里烙印下来，勾勒出完美、性感、浑然天成的圆，同地球和天上的星星一样。

导演看海洋

———————

小时候去海边总会望着它发呆，海风、蓝色、腥味，海洋带来的感官体验非常独特。"如此庞大的一汪水啊，真想看到尽头"，那时总会这样想，心里好奇那些水里到底藏着宝藏还是怪物。后来慢慢长大，学习知识，直到有机会下潜到海里，看到那里存在的神奇生命，才发现这世界上的所有颜色几乎都可以在海洋里找到，才意识到它并不是表面上看上去的单纯样子。

我没有想到自己会和海洋结下渊源，或许没有这次拍摄的经验，海洋在我心里会永远停留在懵懂时期那个看似单纯却内心丰富的样子，再也衍生不出什么了，我没有想到因为这次经历，我会有机会在自己的生命周期里找到一年的时间，与海洋相处，从一开始远距离的朦胧，到后来了解它的周期膨胀、与月亮的奇妙关系、丰富的生物多样性以及和我们、大气乃至和这个星球之间的联系。海洋开始渐渐向我展示自己原本的样子。这一次我尝试站在海洋的角度想事情，她是谁？她孤独吗？她会如何看待我们？一年多的思考，让我像恋爱一样惦记着海洋，以至于后来再回到她身边，我还是会像小时候那样看着她呆呆地想，在人类如此漫长的进化历程里，到底有多少人和我一样思考、迷恋着海洋呢？

现在，海洋对我来说，是个性感的神明。生命起源于她，海洋中的万物都在我们的身体上留下刻印，所以我才认为海洋与其他生态环境如此不同。她是一个存在亿年的自然之神，静静看着地球上的万物变化繁衍，也滋养着万物。

总导演手记

张钊维

———————

总导演

　　我生长于一个以美食小吃闻名的海滨小城，但我并未成为美食家。因为工作的关系，我经常是入境随俗，随缘吃食。比方说，以前去欧洲出差，下飞机入住酒店后第一件事，就是到附近的超市去买两条面包，鲜切火腿片，腌橄榄，几颗苹果，再稍上一瓶红酒，就这样，可以吃喝三天。

　　我对美食并非没有热情，但是我逐渐发现，那些真正令我回味再三的美味，几乎都不在旅游手册或餐厅名录上。比方说，早年我经常去上海拍摄旅游节目，也因此尝过各种高档五星美食甚至私厨，但是令我念念不忘的，是有次到长江出海口探访还在建设中的东方大港时，在村子的饭馆里吃的蒸鱼与炒时蔬，那意外鲜美的感觉，至今仍在记忆的舌尖上跳跃。

　　还有一次，跟随凌峰大哥拍摄《走八千吃四方》，探访云南美食。我们来到香格里拉，凌大哥灵机一动，学起早年马帮，在雪山底下就地埋锅造饭。那一餐，是货真价实的酣畅淋漓。

　　因此，我对美食的认识，就如同我对城市的认识一样。能够让我对城市产生感觉的，最重要的不一定是那些名人胜景、精品靓店，而是我在这个城市里的什么地方接触了什么人，产生什么交流。因此，如果你问我去台北上哪个牛排馆好，我可能记不清那些网红餐厅到底在哪里，但我会记得，有几家开业近五十年的牛排馆里头，穿着西装的中年资深服务员上菜时的举止神情。在此时此地，美食是和环境的故事与人的故事分不开的。

这也是我参与到《万物滋养》创作时，最根本的态度。

《万物滋养》第一季以自然环境作为分集主题，从大自然第一人称的角度，讲述从物种到食材、从食材到料理的故事；当时在 b 站上，受到许多年轻观众的喜爱，也受到国内外业内人士的关注。

《万物滋养》第二季，则在第一季的基础之上，更加深入地去探寻食材、料理与当地人物故事之间的关系。我甚至向团队提出了：森林 – 森系料理、草原 – 草系料理、田野 – 田系料理、海洋 – 海系料理、江湖 – 河系料理，这一系列概念，来开启脑洞。我希望他们跳脱习以为常的，以省份地域来划分料理菜系的惯性（川菜、鲁菜、湘菜、粤菜，等等），而能够回归到料理与环境相连接的本源之处。

这个本源，对于万物滋养这样以自然美食、健康料理为核心立意的节目来说，特别重要。因为我们认为，美食不只是对口腹欲求的满足，也不只是人类文化的体现，必须更是对天地自然的赞歌。只有在这个层次上，我们才能从当代的视角，去靠近中国传统哲学对天人合一、生态平衡的追求，并且，把这个经验提炼出来，献给全世界的美食家。

因此，除了呈现当地的名厨料理之外，我也要求团队的小伙伴，一定得去接触老人，和他们聊天，观察他们的日常，了解他们走过的生活轨迹与饮食习惯。这些老人们长年浸在当地的环境与食材中，一日三餐，一年一万餐，如果是八十岁，那就是八万餐，从这个角度来说，他们是当地饮食的最佳代言人，在他们身上，所展现的就是环境、食材与健康这三者汇聚的本源之处。

还有一个对于本源的探索功课，是要找出各集环境与美食背后的根本要素：

森林一集，以小博大，捻出香料这个特质，从味蕾的刺激延伸至幸福感，乃至精神文化的构成；

草原一集，围绕着对动物蛋白的不同处理，展现出人类在边疆地带的生存之道；

田野一集，立基于农耕民族所熟悉的淀粉主食，藉由资深田野与年轻田野的交错比对，来呈现人类对大自然所进行的、最早的"人工智能"培育成果；

江湖一集，则在当前环境问题与过度捕捞的阴影之下，挖掘有温度、有故事、有节制的河鲜美味；

海洋一集，以鲜味的奥秘为核心，演绎鲜腥风味与快慢时间的两组对位二重奏。

我必须说，这些对本源之处的探索，其原点，很大一部分来自我们的学术顾问冯广平老师，他在一开始对团队成员的两个关键提醒："如何呈现从物种、食材到料理，细腻的梯度变化？"，以及"美食要把我们带向何方？"这两个大哉问，时时刻刻引领着我们去留意，如何在撩拨观众当下口腹之欲的同时，也在他们的心灵上存放面向未来的资粮。

虽然《万物滋养》第二季，每一集的时长比第一季少了十分钟，但是制作过程更为艰辛漫长，特别是剪辑过程。编导们病倒的病倒、痛哭的痛哭、戒烟的戒烟，但是最终他们都坚持下来了，并且如"倒吃甘蔗——渐入佳境"。我们使用了更精细的叙事手法，也引入了动画元素，来表达纪实摄影所捕捉不到的景象，让观众在轻松的节奏中，吃得更有劲、更健康。同时，著名的音乐人钟兴民老师再度挎刀，为主题音乐做了更具现代感的调节。最终，都是为了要达到这两个目的：

透过环境中的人物去认识美食，同时也透过美食来认识环境人物；

让我们的饮食文化能有所递进——从吃得饱到吃得爽，从吃得爽到吃得好，从吃得好到吃得有智慧。

最后，要感谢这将近一年来，所有参与者的贡献。从出品方、合作方、媒体平台，到顾问、制作团队、受访者，乃至后续的推广发行同事，大家都齐心协力，付出了自己专业上的心力。

我们期许，"万物滋养"这个系列对中国饮食文化的塑造，能够在新时代持续打开一条新路径，这样，也就无愧于滋养了我们的老祖宗，以及大自然。

图书在版编目（CIP）数据

万物滋养：一浆一饭中的中国生态哲学／视袭影视
《万物滋养》主创团队编. -- 北京：中国轻工业出版社，
2020.1

ISBN 978-7-5184-2780-2

Ⅰ.①万… Ⅱ.①视… Ⅲ.①饮食—文化—中国
Ⅳ.①TS971.2

中国版本图书馆CIP数据核字（2019）第258484号

责任编辑：杨　迪　　责任终审：劳国强　　整体设计：运平设计
责任校对：李　靖　　责任监印：张京华

出版发行：中国轻工业出版社（北京东长安街6号，邮编100740）
印　　刷：北京博海升彩色印刷有限公司
经　　销：各地新华书店
版　　次：2020年1月第1版第1次印刷
开　　本：710×1000　1/16　印张：11
字　　数：400千字
书　　号：ISBN 978-7-5184-2780-2　定价：68.00元
邮购电话：010-65241695
发行电话：010-85119835　传真85113293
网　　址：http://www.chlip.com.cn
Email：club@chlip.com.cn
如发现图书残缺请与我社邮购联系调换
190546S1X101ZBW